城市公共基础设施效益三维度评价研究

王坤岩　杜凤霞◎著

U0302598

企业管理出版社
ENTERPRISE MANAGEMENT PUBLISHING HOUSE

图书在版编目（CIP）数据

城市公共基础设施效益三维度评价研究 / 王坤岩, 杜凤霞著.
-- 北京：企业管理出版社，2017.9

ISBN 978-7-5164-1580-1

Ⅰ.①城… Ⅱ.①王… ②杜… Ⅲ.①城市公用设施

—公共管理—研究 Ⅳ.①TU998

中国版本图书馆CIP数据核字（2017）第212708号

书　　　名：城市公共基础设施效益三维度评价研究

作　　　者：王坤岩　　杜凤霞

责任编辑：聂无逸

书　　　号：ISBN 978-7-5164-1580-1

出版发行：企业管理出版社

地　　　址：北京市海淀区紫竹院南路17号　　邮编：100048

网　　　址：http://www.emph.cn

电　　　话：编辑部（010）68701891　　发行部（010）68701816

电子信箱：niewuyi88@sina.com

印　　　刷：三河嘉科万达彩色印刷有限公司

经　　　销：新华书店

规　　　格：710毫米×1000毫米　　16开本　　15.75印张　　234千字

版　　　次：2017年9月第1版　　2017年9月第1次印刷

定　　　价：56.00元

摘要

　　城市公共基础设施为城市生产和居民生活提供条件，是城市存在和发展的物质基础。改革开放三十多年来，中国城市化进程不断加快，城市公共基础设施水平相应提高，为城市经济增长、社会发展和环境改善作出了重要贡献。但是，由于城市公共基础设施属于公共物品，外部效应的存在使得基础设施部门的私人成本（收益）与社会成本（收益）不一致，基础设施对经济、社会、环境的重要作用无法从本部门的微观效益中体现出来。城市公共基础设施效益是经济效益、社会效益和环境效益的统一，是城市公共基础设施部门对全社会发展所做出的有益贡献。以往对于城市公共基础设施效益的不完全评价导致了基础设施投资建设和运营管理政策的偏差，影响了城市公共基础设施效益的发挥，进而影响了城市经济社会健康发展。本书以经济学理论、公共管理理论、系统论等为基础，在理论分析的基础上运用 DEA 模型和 TOPSIS 分析方法对城市公共基础设施经济效益、社会效益、环境效益及其协调发挥状况进行了系统全面的分析，为城市公共基础设施效益改善策略的选择提供了科学依据，具有重要的现实意义和理论价值。本书主要内容如下：

　　第 1 章通过文献梳理，明确了研究问题、研究目标、研究方法及研究的技术路线，为全部研究工作提供了逻辑思路。

第 2 章是研究的理论和方法基础。首先，分析和阐述了城市公共基础设施系统的构成及其效益的产生机制、作用机制和调节机制。城市公共基础设施的公共品属性是其效益产生的基础；城市公共基础设施效益是经济效益、社会效益和环境效益的统一；不断提升城市公共基础设施效益既是城市公共基础设施部门运营的私人目标也是全社会的公共目标；运用控制论、标杆管理理论的方法和工具能够有效实现对城市公共基础设施效益发挥机制的调节。其次，以理论分析为基础，明确了城市公共基础设施效益评价方法的适用原则和选择依据，并对 DEA 交叉效率模型以及 TOPSIS 分析方法进行了详细的描述和说明。

第 3 章从投入产出的角度对城市公共基础设施效益现状进行了描述和分析，总结出城市公共基础设施效益评价中存在的理论技术和现实问题：片面关注经济效益而忽视社会效益、环境效益及三大效益的协调发挥是城市公共基础设施效益评价中存在的主要问题，需要从理论研究和技术支撑两个方面共同解决；缺乏对城市公共基础设施效益的系统全面评价导致了其投资建设和运营管理政策的偏差，影响了其效益的发挥。

第 4 章到第 6 章分别对城市公共基础设施经济效益、社会效益和环境效益进行了评价。基于我国 35 个大中城市的样本分析显示，我国城市公共基础设施经济效益、社会效益和环境效益均

有待提高；尽管城市公共基础设施经济效益与城市发展水平之间
存在一定的正相关关系，但个别一线城市经济效益状况较差，说
明一些城市发展压力过大，超出基础设施承载极限；城市公共基
础设施社会效益和环境效益与城市发展水平之间不存在必然的相
关性；城市公共基础设施各项效益状况与投入规模之间不存在必
然的正相关关系，说明导致城市公共基础设施效益低下的主要原
因是投入结构不合理。

第 7 章以第 4 章到第 6 章的评价结果为基础，运用 TOPSIS
方法考察了城市公共基础设施三大效益协调发挥状况，研究结果
表明：城市公共基础设施三大效益协调发挥状况不理想，综合效
益与经济效益的一致性远远大于社会效益和环境效益，说明城市
公共基础设施社会效益和环境效益尚未得到有效发挥，与经济效
益的发挥不协调，这是导致城市公共基础设施整体效益发挥不当
的重要原因。

第 8 章以评价结果为依据，进一步分析了城市公共基础设施
经济效益、社会效益、环境效益以及综合效益差异的原因，探讨
了城市公共基础设施效益提升的原则，并针对如何提升城市公共
基础设施三大效益与综合效益提出了有针对性的对策建议。

关键词：城市公共基础设施，经济效益，社会效益，环境效
益，三维度评价

Abstract

Urban public infrastructure provides conditions for the production and living of urban residents, which is the material basis of the existence and development of the city. China's urbanization process has been accelerated because of the thirty years' reform and opening up. The level of urban public infrastructure has improved accordingly, that has made important contributions for the city's economic growth, social development and environmental improvement. However, as public goods, the existence of external effects makes the infrastructure sector's private cost (benefits) and social cost (benefits) not consistent. The important role of infrastructure for economic, social and environment can not be reflected from the micro effect of the department. Urban public infrastructure is the unification of economic benefits, social benefits and environmental benefits, and it is an important contribution to the development of the whole society. In comprehensive evaluation of the benefits of the urban public infrastructure caused the deviation of the investment construction and operation management policy, which reduced the benefits of the urban public infrastructure, and affected the development of the city. Based on economics theory, public management theory and system theory, this book uses DEA model and TOPSIS analysis method to analyze the economic benefits, social benefits, environmental benefits and their coordination of urban public infrastructure. The main contents of this paper are as follows:

Chapter one provides a logical thinking for all research work, getting the research issues, research objectives, research methods and technical route through literature review.

Chapter two is the theory and method base of the study. Firstly, the book analyzes and expounds the formation of the urban public infrastructure system and the generation mechanism, the action mechanism and the regulation mechanism of its benefits. The public goods characteristic of the urban public infrastructure is the foundation of its benefits. The benefits of urban public infrastructure are the unification of economic benefits, social benefits and environmental benefits. To improve the efficiency of urban public infrastructure is not only the private target of urban public infrastructure sector but also the public target of the whole society. Secondly, based on the theoretical analysis, the application principle and the selection basis of the evaluation method of urban public infrastructure benefits are defined, and the DEA cross efficiency model and the TOPSIS analysis method are described in detail.

Chapter three describes and analyzes the current situation of the benefits of the urban public infrastructure from the perspective of input-output analysis. It concludes the theoretical and practical problems in the evaluation of urban public infrastructure benefits. It is the main problem that exists in two aspects: theoretical research and technical support. The lack of systematic and comprehensive evaluation of urban public infrastructure benefits the development of its investment and operation management policies.

The economic benefits, social benefits and environmental benefits of the urban public infrastructure are evaluated in the fourth chapter to the sixth chapter. The analysis based on 35 large and medium cities of China indicates that, the economic benefits, social benefits and environmental benefits of urban public infrastructure are still to be improved. Although there is a certain positive correlation between urban public infrastructure and urban development level, the economic benefits of some developed cities is poor, which shows that developing pressure has beyond the limits of infrastructure in such cities. While, there is no inevitable correlation between social benefits and environmental benefits of urban public infrastructure and urban development level. There is no else inevitable positive correlation between the benefits of urban public infrastructure and the investment scale. It shows that, irrational investment structure is the main reason of the low efficiency of urban public infrastructure.

Based on the evaluation results of chapter four to chapter six, using TOPSIS analysis method, chapter seven investigates the coordination of the economic benefits, the social benefits and the environmental benefits of urban public infrastructure. The results show that the coordination of the three benefits of urban public infrastructure needs to be improved. The consistency of the comprehensive and economic benefits is far greater than the social benefits and environmental benefits, which shows that the social benefits and environmental benefits of urban public infrastructure have not been effectively played, and could not coordinate well with the economic benefits. It's an important reason why the comprehensive benefits of urban public infrastructure is poor.

Chapter eight on the basis of the evaluation results, further analyses the reasons that lead to the differences of economic benefit, social benefit, environmental benefit and comprehensive benefit of the public infrastructure. Then the book discusses the principles of improving the efficiency of urban public infrastructure. And in view of how to promote the three major benefits and comprehensive benefits of urban public infrastructure, this book puts forward some countermeasures and suggestions.

Keywords: Urban public infrastructure, Economic benefits, Social benefits, Environmental benefits, Three dimension evaluation

目录

第3章 中国城市公共基础设施效益状况分析
——基于投入产出的视角

第 6 章　城市公共基础设施环境效益评价

第1章　绪论

1.1　选题背景

城市公共基础设施的产生和发展是城市发展的客观要求和必然结果，同时也是城市发展水平的重要标志。随着中国城市化进程的不断加快，城市公共基础设施在城市发展中发挥着越来越重要的作用。首先，城市公共基础设施是实现经济增长的必要条件。大量的实证研究表明，公共基础设施对经济增长的影响是正向且显著的。城市公共基础设施为城市生产经营活动提供一般条件和中间产品，直接和间接地影响着总产出水平。其次，城市公共基础设施是社会发展的必要保障。城市公共基础设施为城市居民提供基本生存和发展条件，通过收入再分配功能实现社会公平目的，并通过改善人们的生活水平、思想观念来提高社会福利、保持社会稳定。最后，城市公共基础设施的发展对于解决城市化带来的若干问题具有积极作用。改革开放至今，中国经历了快速的城市化进程。据统计，从 1979 到 2014 年，中国城市化率从 19.99% 提高到 54.77%，平均每年提高约 1 个百分点、城市人口增长了 3.1 倍。同一时期，城市生活垃圾清运量增长了 6.1 倍[①]。可见，城市化带来城市经济社会快速发展的同时，也带来了人口膨胀、交通拥堵、环境恶化等问题。环境污染、资源枯竭等生态软肋严重威胁着城市的可持续发展以及人类的生存安全。城市公共基础设施的大规模建设，有效缓解了人口膨胀对公共需求的巨大压力，特别是一些生态环保类基础设施的建设和运营，对于有效改善城市生态环境起到了重要作用。

随着公共基础设施作用的日益重要，公共基础设施部门的生产经营效益问题开始受到重视。因为基础设施效益的提高，意味着城市更加快速、稳定和可持续的发展。但是，城市公共基础设施属于公共物品，由于外部效应的存在，使得基础设施

---

① 数据来源：《中国城市建设统计年鉴 2014》、中国国家统计局。

部门的私人成本（收益）与社会成本（收益）不一致，其私人部门成本不能得到完全的补偿。《中国统计年鉴 −2016》相关统计数据显示，基础设施相关的电力、热力、燃气及水生产和供应业，交通运输、仓储和邮政业，水利、环境和公共设施管理业，三个行业 2014 年的固定资产投资额合计为 70667.9 亿元，而这三个行业 2014 年增加值合计仅为 46792.6 亿元。如果将相关行业存量资本的投入一并计入成本，其成本收益间的差额将进一步放大。因此，仅从经济收入的角度考察，显然城市公共基础设施部门的效益并不理想。同时，城市公共基础设施作为公共物品的重要性不仅在于其对经济增长的贡献，更重要的在于其发挥的公益性和保障作用。因此，仅仅考察经济效益，不能完全反映基础设施部门的经营成果。

鉴于城市公共基础设施与城市经济、社会、环境发展之间的紧密联系，对城市公共基础设施效益的评价，不能仅从价值角度来考察其私人部门的经济收益，而应该以城市公共基础设施的公共品属性为出发点，从更加宏观的角度进行投入 − 产出的系统分析，考察包括经济效益、社会效益、环境效益在内的整体效益，从而对基础设施效益进行系统和全面的评价。城市公共基础设施效益是经济效益、社会效益、环境效益的统一，经济效益是城市公共基础设施部门运营的私人部门目标，反映本部门的微观投入产出效率，并对城市的总产出水平具有重要影响，社会效益和环境效益是城市公共基础设施作为公共物品运营的社会公共目标，反映了公共基础设施系统作为社会经济系统子系统的宏观投入产出效率。

对公共基础设施效益的评价是公共基础设施运营管理的前提条件，是公共决策的必要依据。特别是对于目前正处于快速发展期的我国基础设施进程，有效的公共决策调整能够避免基础设施领域存在的盲目投资、重复建设、闲置浪费、协调度不高、发展不平衡等问题。这些问题不仅造成了基础设施部门本身的效益低下，也造成了全社会资源配置的无效率，严重影响社会经济的快速发展。

另外，评价问题的广受关注和评价方法的不断发展为本书的研究提供了现实基础和技术条件。近年来，围绕城市的评价问题成为学术热点，包括基础设施、城市经济增长、社会发展、环境影响等内容在内的评价研究层出不穷，涉及城市综合实力、竞争力、承载力、城市化水平等各个方面。本书对城市公共基础设施的三维度评价不仅契合了当前该领域的研究趋势，同时也符合公共决策的现实需求。另一方面，随着系统论、信息技术等在经济管理领域的广泛应用，包括系统动力学方法、控制策略和方法以及 MATLAB 等技术手段被应用于解决评价问题，取得了良好的效果。这些方法为本书的实证研究提供了理论帮助和技术支持。

1.2　研究意义

城市公共基础设施系统是一个复杂社会系统，对其生产经营活动的管理和控制需要科学的方法和可靠的依据。对城市公共基础设施效益的三维度评价能够从投入 − 产出的角度厘清公共基础设施系统与社会经济系统之间的复杂作用关系，并能够进一步明确基础设施部门的运营成果，对于公共管理理论的发展和公共管理策略的有效实施都具有重要意义。

首先，本研究将完善公共管理理论并提供实践依据。公共基础设施是介于纯私人产品与纯公共产品之间的准公共产品，其特殊属性决定了它的社会效益高于经济效益、间接效益大于直接效益、整体效益先于局部效益、长期效益重于短期效益，这要求我们加强对其经济效益、社会效益和环境效益三个维度的评价，以便科学地把握其运行的效益状况。而目前的研究大多只进行经济、社会或环境中的某一个方面的效益评价，尚缺乏从三个维度加以系统评价研究的成果，从而难以把握公共基础设施这种准公共产品所体现的全部效益数量与质量。本书通过对城市公共基础设施效益发挥机制进行深入分析，采用从直接到间接、从局部到整体、从静态到动态逐层深入的方法，全方位考察了城市公共基础设施经济效益、社会效益、环境效益及其协调发挥状况，有利于丰富和完善公共管理理论研究，进而为公共管理实践提供依据。

其次，本研究有助于推进公共管理学科完善与发展。城市公共基础设施系统是城市社会经济系统的子系统，通过与其他社会经济子系统间的相互影响、相互作用共同推动着城市社会经济系统的发展。这种错综复杂的相互作用关系决定了城市公共基础设施效益的复杂性。一方面，从作用机制看，城市公共基础设施效益的发挥涉及国民经济各部门以及生产、交换、分配、消费各环节，受到多种内外因素的影响；另一方面，从内容来看，城市公共基础设施效益包含经济效益、社会效益和环境效益三大组成部分，三大效益的协调发挥体现了公共基础设施部门的全部运营成果。因此，对基础设施效益的评价应综合分析其影响因素、作用机制、调节手段等，仅靠单一学科的知识和技术无法有效完成。因此，本研究拟将经济学原理、系统论、信息技术等方法和工具应用到新公共管理理论研究领域，充分体现学科交叉与融合的特色，推进公共管理学科完善与发展。

最后，本研究将为实施主动控制的实践活动提供方法和工具。城市公共基础设施通过投资乘数效应和溢出效应推动经济增长，通过收入效应、就业效应、减贫效应和潜在效应促进社会发展，同时通过直接和间接影响优化和改善城市生态环境，其效益的产生机制极其复杂，从而使得实施主动控制的效益改进行动更加困难。另外，由于我国城市众多，各城市间在资源禀赋、经济规模、发展水平以及其他一些客观因素方面存在较大差异，导致公共基础设施效益的发挥也存在差异，因而需要更有针对性且切实可行的效益改进行动。然而，当前针对城市公共基础设施效益的评价并不系统和全面，已经形成的成果中以城市地域范围内的公共基础设施为研究对象的样本量太少，针对三个维度进行评价的指向性较弱，缺乏具有代表性的成果。本研究拟以中国 35 个大中城市为例对城市公共基础设施系统的三大效益状况进行评价，揭示城市公共基础设施投入产出效益的现实状况、发展趋势及存在的问题，提出更具操作性的城市公共基础设施效益提升策略。国家"十二五"规划纲要的指导思想明确提出要建设资源节约型、环境友好型城市，使公共基础设施利用的经济效益、社会效益和环境效益能满足城市生产、生活系统的需要，走可持续发展之路。因此，加强对公共基础设施利用三大效益的评价将为当前我国公共管理策略的制定提供科学的依据，从而为改善公共基础设施系统的运营管理创造条件。

1.3 国内外研究现状

1.3.1 国外关于基础设施效益的研究

1.3.1.1 基础设施经济效益相关研究

国外对于基础设施经济效益的研究重点在于考察基础设施的宏观经济效益，即基础设施与经济发展之间的关系。Rosenstein-Rodan[1] 认为，基础设施是直接生产部门存在和发展的基本条件，基础设施的发展水平直接或间接影响生产部门的成本和效益，从而影响一国国民经济发展的质量和水平。Aschauer[2] 采用生产函数的方法定量化研究了基础设施对国民收入和经济增长的贡献，结果表明，基础设施资金的累积量对"全要素生产率"（TFP）具有显著的决定性作用。Sylvie Demurger[3] 通过建立经济增长模型，对中国基础设施投资和经济增长之间的关系进行了实证分析。结果表明，基础设施因素对不同省份的经济增长具有明显的作用。其中，交通设施是影响经济增长的关键因素，而电子通讯设施对于降低流通成本、促进区域合作具有重要作用。Fedderke 等 [4] 基于对南非经济基础设施与经济增长关系的研究测算表明，基础设施建设对经济增长的影响确实存在且较为明显，基础设施的投资直接或间接地推动了南非经济的增长，并对经济具有一定的反馈作用。Alfonso Herranz-Loncfin[5] 研究了 1850-1935 年基础设施投资对西班牙经济增长的影响，结果显示，基础设施对于西班牙本国和整个世界的作用是不同的，他认为产生这种现象的原因是公共干预和抵消投资标准的使用。另有学者研究了单一基础设施系统对经济发展的影响。Roller 和 Waverman[6] 研究了电信基础设施对经济发展的影响。Nadiri[7] 等估算了通信基础设施对经济增长的贡献，并将这种贡献归因于基础设施的外部性，认为通信基础设施通过降低其他行业的成本而创造了更高的经济价值。Fernald[8]、Roberto 等 [9] 分别检验了道路基础设施对生产率的影响。Condeço-Melhorado 等 [10] 运用价值分析法评估了荷兰某一地区的轨道交通基础设施项目对其他地区产生的溢出效应。

1.3.1.2　基础设施社会效益相关研究

尽管，国外学者在基础设施相关研究中并未明确提出社会效益和环境效益的概念，但有关基础设施社会效益和环境效益的研究并不少见。最初对于基础设施社会效益的研究聚焦于基础设施项目的社会影响评价[11]，主要关注大型基础设施项目实施过程中可能产生的社会问题，目的是尽量降低负面影响以保证项目的顺利实施。此后，随着基础设施项目对社会发展的有利影响不断显现，其社会效益（正面影响）开始受到学界的关注，特别是对基础设施减贫效应和就业效应的研究逐渐成为重点领域。Fan 等[12]，Kwon[13] 分别考察了基础设施在中国和印度的减贫效应。X.Zhu等[14] 在区分直接福利效应和间接福利效应的基础上，运用一般均衡模型考察了交通道路基础设施改善对工资和失业率的影响，研究表明，对于初始交通基础设施较差、劳动力市场不完善的地区，交通道路基础设施改善的间接福利效应更大。另有一些学者研究了基础设施的其他社会福利效应，如 Elissa[15] 以华盛顿两个公园为例评价了水基础设施对社会和文化的影响，Knudsen 等[16] 运用有无对比法和成本收益分析法对厄勒海峡大桥建成后 10 年的社会经济收益进行了评价，Hof 等[17] 运用不同模型分析比较了高速铁路项目对荷兰可能产生的直接福利效应和间接经济利益。

1.3.1.3　基础设施环境效益相关研究

20 世纪 90 年代，西方城市化高潮的到来造成了人类生存环境的恶化，以改善城市环境为目的，西方学界开始重视基础设施的生态环境效益，并在基础设施环境效益评价方面做了一些探索性的研究。Singh 等[18] 运用项目清单法、战略环境评估法和成本收益分析法对巴格达的水和废水处理项目进行了环境影响评价。Jordi 等[19] 运用生命周期法评估了集中供热系统及其不同组件对环境的影响程度。Ni-Bin Chang 等[20] 引入碳足迹法构建多目标决策模型，考察了城市水基础设施对气候变化的影响。Joshua 等[21] 以印度新德里为样本分析了水、卫生、能源、交通等基础设施在改善城市环境以及居民健康中的作用。Sebastian[22] 运用空间显式和随机游走模型分析了绿色基础设施的环境改善效果及其对居民生活质量的影响。

1.3.1.4 基础设施效益评价方法与指标体系

国外学者在公共基础设施效益的实证研究中主要采用了生产函数法、经济增长模型、一般均衡模型等方法，而在基础设施效益评价中所使用的方法除了上述提到的成本收益分析法、生命周期法和多目标决策模型，还有一些学者使用了状态分析法对基础设施系统有效性进行评价，如 Mohamed[23]。另外，国外学者在基础设施相关评价中使用了大量的指标，建立了系统的评价指标体系也值得借鉴。Cesar Calderon 和 Luis Serven[24] 在评价基础设施数量时采用了电信（每千名劳动者拥有电话数量）、能源（每千名劳动者拥有电力生产能力）、运输（路网长度，千米／平方公里）等指标；在评价基础设施的质量时使用了电信（电话主干线的等待时间）、能源（电力传输和分配过程中损耗的百分比）、运输（总路长中铺装路面百分比）等指标，并利用主成分分析法对上述指标进行了技术分析。Nagesh Kumarc[25] 同样采用主成分分析法对 66 个国家 1982 年，1989 年，1994 年三个时期的基础设施状况进行了分析，所采用的指标体系包括运输基础设施（包括每平方公里道路的长度和每百名常驻居民拥有车辆数目两个指标）、电信基础设施（包括每百名常驻居民拥有固定电话数量一个指标）、信息基础设施（包括每百名常驻居民拥有报纸数量和每百名常驻居民拥有电视数量两个指标）、能量基础设施（包括每位居民的能量使用量一个指标）。

从以上分析中可以看出，国外学者对于基础设施效益的研究涉及经济、社会、环境等各个方面，但对于基础设施经济效益、社会效益和环境效益的评价研究并不系统，缺乏综合评价研究成果。另外，国外学者在相关基础设施效益评价研究中所使用的评价方法比较单一，建立的指标体系不够系统全面，无法满足对基础设施系统进行全面、系统评价的需求。

1.3.2 国内基础设施效益评价的相关研究

国内对于基础设施效益相关问题的研究兴起于本世纪初，早期的学者借鉴国外的研究方法（生产函数法、向量自回归法等）检验了基础设施对经济增长的贡献 [26-29]，考察的部门主要集中在交通运输、邮电通信、能源动力等领域。在此基础上，一些学者开始关注对城市公共基础设施效益的评价，通过构建评价指标体系，并运用不同的评价方法对公共基础设施经济效益、社会效益、环境效益相关问题分别进行了研究。

1.3.2.1 基础设施经济效益评价研究

谢逢杰[30]对城市轨道交通项目经济评价进行了研究，并将经济评价进一步划分为财务评价和国民经济评价、可量化间接社会效益以及不可量化社会效益的评价，并赋予了各评价内容具体的衡量指标。李志、李宗平[31]在对成都地铁一期工程的评价研究中，将社会经济效益分为可量化和不可量化的效益。并针对可量化和不可量化效益分别提出了6个和3个衡量指标。张迎军[32]将机场社会经济效益分为直接效益（机场的核心经济活动直接作用于社会经济而产生的效益）和间接效益（依赖于机场而存在的相关经济活动所产生的社会效益以及机场的主要经济活动所产生的经济效益），并给出了具体的评价指标。平野卫、伊东诚[33]结合运量预测将高速铁路的经济效益划分为事业效益（由建设带来的经济效益）和设施效益（投入运营后带来的经济效益），并对各种效益产生的原因和包含的内容进行了具体分析。冯思静、马云东[34]同样将环保基础设施的经济效益分为事业效益和设施效益，并在此基础上建立了垃圾分类收集效益模型，模型由总投资、运转费用和资源回收收益三部分构成。胡天军、卫振林[35]认为高速公路项目的社会经济效益主要表现为促进、带动区域内相关产业发展而产生的宏观经济效益，并采用SD模型对高速公路项目的社会经济效益进行了评价。丁以中[36]将交通运输业的社会经济效益分为社会效益、直接和间接经济效益，建立了交通运输业与国民经济关系的直接经济效益模型和完全经济效益模型，并实证分析了上海交通运输业对其他各部门的经济效益贡献。

1.3.2.2 基础设施社会效益评价研究

由于基础设施具有公共物品属性，且多数以非营利性为主，其经济效益往往是不明显的。国内一些学者逐渐认识到，经济评价并不能准确反映基础设施的效益，开始尝试对其进行社会效益和环境效益的评价。张兴平、陶树人[37]指出基础设施项目的社会评价不是包含在国民经济评价中的社会效益分析，而是对因项目建设引起的社会因素变化以及各方面的社会影响进行系统评价，包括项目对社会经济、文化、社区发展等方面的影响，涉及参与问题、移民问题、相关利益群体的利益协调、文物保护和项目的可持续性等具体问题。陆菊春、韩国文[38]指出复合生态系统基础设施项目的社会评价是以社会学、人类学为理论基础，综合分析项目实施对社会环境、社会经济、自然资源等各个方面产生的影响及所作的贡献，应遵循公正公平、民众支持、生活改善、社会稳定、实事求是和可比性的评价原则。在此基础上，设计了包含 5 大类 27 个指标的评价指标体系。牛志平、朱嫱[39]分析了城市轨道交通项目可持续性的概念，通过建立评价模型，以发展度、协调度和持续度对城市轨道交通项目社会影响的和谐性、经济效益的合理性、自然环境的相容性和管理体系的整体性进行定量计算。洪家宜、李怒云[40]研究了天然保护林工程的社会影响，并从就业、生态效益、区域经济等方面对天然保护林工程进行了社会效益评价。

在对基础设施社会效益的实证研究中，大多数研究关注基础设施的减贫效应和就业效应，如高颖等[41]、鞠晴江等[42]检验了中国各地基础设施的减贫效应，Piyapong[43]、郑振雄[44]检验了基础设施的就业效应。

1.3.2.3　基础设施环境效益评价研究

目前学界对于基础设施环境效益的研究并不广泛和深入，但越来越多的研究开始关注基础设施与生态环境的关系。从上世纪 90 年代初，国内的一些学者开始致力于对基础设施建设项目的环境影响进行评价，对基础设施环境影响评价的领域集中于水利、交通等基础设施建设项目。如陈国阶[45]以系统论为基础，建立了包括自然生态环境和社会生态系统的综合评价系统，对三峡工程的生态环境影响进行了评价，并对不同时间内的生态环境状况与理想状态的位差和生态的可能变化趋势做出了预测。袁运祥[46]运用模糊综合评价法分析三峡工程的环境与生态影响。郭宗楼、刘肇[47]应用神经网络技术建立了三峡工程环境影响综合评价系统。吴小萍，陈秀方[48]对轨道交通项目的规划及其环境影响评价进行了研究，并以可持续发展的理论为基础建立评价指标体系。彭军龙[49]采用可拓学理论中的优度评价方法建立评价模型，用优势度指数、均匀度指数、树木生长率等18项指标对铁路工程的生态环境影响进行了定量评价。

对基础设施建设项目环境影响的评价主要是考察基础设施项目在建设及运营过程中对生态环境的不利影响。而一些学者则开始关注基础设施对生态环境的有利作用，即基础设施的环境效益。如徐文学[50]指出基础设施效益评价应体现环保效益和公平精神，具体包括对城市环境及其文化积淀的兼容性和资源有效利用、消除贫困、促进可持续发展等。张艳军、赵纯勇、郭跃[51]基于GIS技术和生态经济学理论，用货币价值的形式对城市化发展过程中水土保持工程的生态效益进行了测评，阐述了水土保持工程的生态效益价值在城市规划发展过程中的重要性。邱妮娜、李群[52]对怒江水利水电工程的社会和生态效益进行了分析，并提出对水质、物种、文物等的保护措施。赵小杰、郑华、赵同谦、王红梅[53]从生态环境效益和生态环境成本两个角度出发对雅砻江下游梯级水电开发工程进行了经济损益评价。陈泽昊、周铁军、刘建明[54]对京九铁路绿色长廊建设的环境效益进行了分析。袁惊柱[55]运用回归模型实证分析了农村基础设施的生态保护效应。

1.3.2.4　基础设施效益综合评价研究

考虑到单一内容评价无法全面反映基础设施的综合效益，国内一些学者开始了对基础设施综合效益评价的研究。王华、苏春海[56]指出城市基础设施运行效果主要表现为环境效益和社会无形效益，传统的财务评价方法并不适用，并提出用节约时间、减少疲劳、减少交通事故、代替地面公交等指标以及定量化和货币化经济分析方法对地铁项目的无形效益进行评价。韩传峰、陈建业[57]考察了大型基础设施项目对社会、经济和环境等多方面的影响，建立了综合模糊层次分析模型，用于大型基础设施项目等级评定和多方案综合评价。邓志国、綦振平[58]分析了重大基础设施建设项目在经济、社会、科技、环境、资源等多方面的特征，建立指标体系对基础设施社会效益、经济效益、环境效益进行综合评价。

1.3.2.5 国内基础设施效益评价方法研究

国内学者广泛采用经济学、统计学、工程学等方法对基础设施利用效益评价进行了研究，具有参考和借鉴价值。唐剑锋[59] 提出用模糊综合评价法对公路建设项目环境影响进行综合评价，并利用获新（获嘉－新乡）高速公路项目有关数据进行了实证检验。肖宜、邵东国、邓锐等[60] 将宏观和微观经济效果相结合，建立了水利工程项目综合效益评价支持系统，运用灰色理论和系统评价方法构建出相应的模型库、方法库和知识库。张新波、马涛[61] 结合灰色系统理论和矢量投影原理提出了灰色投影关联度方法，建立了灰色关联评价模型，并进行了实证检验。韩传峰、曲丹[62] 提出用标量评估计算法和向量评估计算法对城市现存公共服务设施进行总体价值评估和分类价值评估。金建清、范克危[63] 在参考不同类型城市基础设施等级划分标准的基础上，采用灰色系统理论中的最大关联分类法建立了城市基础设施现状评价模型。刘万明[64] 对西部交通基础设建设项目经济效益评价进行了研究，分别采用国民经济核算理论、生产函数理论、多目标决策理论分析了交通建设项目对经济增长和国民经济发展的贡献。李红镝、邹筑煌，吴志强[65] 分析了已有建设项目国民经济评价方法的不适用之处，并提供了两种新的评价方法供参考，包括基于福利经济学的"有无对比法"和基于国民经济核算理论的弹性系数分析法。HAN Chuan-feng，CHEN Jian-ye[66] 利用网络层次分析法建立了包括社会、经济和生态等因素在内的大型基础设施综合评价模型。李忠富、李玉龙[67] 利用 DEA 方法的BCC 模型检验了我国 31 个省（市、区）2003-2007 年基础设施投资绩效情况。崔治文、周世香、章成帅[68] 利用 DEA 方法的 CCR 模型对山西省 11 个地级市 2005-2009 年基础设施投资绩效进行了评价。乌兰、伊茹、马占新[69] 利用 BCC 和 CCR 考察了内蒙古 9 个地级市基础设施投资的经济有效性和规模效率。

1.3.3 基础设施利用效益研究现状与趋势分析

通过以上的梳理可以看出，国内外学者对于基础设施效益评价问题进行了大量研究。但从已有成果看，研究尚缺乏系统性，评价内容侧重单一维度而缺乏全面性，同时以定性研究居多而定量研究较少。这为我们的进一步研究预留了空间。

（1）城市公共基础设施是一个复杂社会系统，由城市能源动力供应设施系统、给水和排水与污水处理设施系统、道路交通设施系统、邮电通信设施系统、生态环境设施系统、防减灾设施系统等子系统构成。各子系统相互作用，相互协调，共同体现出城市公共基础设施系统的综合效应。只有以整个系统为研究对象，才能全面反映出城市公共基础设施系统的利用效益。目前对基础设施的评价研究主要集中于单一子系统，侧重对特定基础设施项目进行可行性评估，特别是对交通运输系统的评价占绝对多数，而对其他系统（能源动力、水的生产和给排水、邮电通信、生态环境、防减灾等）的研究较少，缺乏对各子系统间的相互作用的考察分析，从而无法实现对整个基础设施系统的综合评价。

（2）城市公共基础设施系统的投入产出效率不仅表现在经济效益方面，而是更多地表现在社会效益和环境效益方面，城市公共基础设施效益的发挥是经济效益、社会效益和环境效益的统一。正是由于城市公共基础设施的投入产出效率表现在多个方面，因此需要通过建立系统、完善的评价指标体系对其经济效益、社会效益、环境效益等进行综合评价。目前对于基础设施效益评价的研究多集中于经济效益、社会效益和环境效益的单方面研究，少数包含了经济效益、社会效益、环境效益在内的研究中，指标体系的建立不够全面，缺少反映各子系统间协调关系的指标，从而使评价结果不能真实反映基础设施的投入产出效率。

（3）城市公共基础设施具有生产性特征，可以利用传统经济学中的供求理论对其最适规模和效益进行分析。城市公共基础设施的供给主体是政府，其供给行为是明确的可测度的，而其需求主体是社会公众，具体表现为生产企业和居民，但他们的意愿是分散的和难以测度的。因此，在分析城市公共基础设施利用效益时往往仅从供给角度出发，对已供给设施（即存量系统）进行研究和评价，而忽视了对需求力量的考察。目前对于基础设施效率的研究都是从存量设施出发，研究已有系统的各种效益，而缺乏从供需匹配适度性的角度出发对城市公共基础设施利用效益进行评价。

（4）城市公共基础设施系统效益的发挥是一个动态的过程，对当前效益状态的描述固然重要，对其未来发展趋势的判断和预测更加具有理论和现实意义。综合运用经济学、管理学、工程学等科学方法，能够实现对城市公共基础设施系统的动态模拟，从而为监测其运行状态和施加控制提供理论和技术依据。目前对于基础设施效益的评价仅限于静态评价，只考察了基础设施在某一特定时间点的效益状况，而缺乏对其效益状态的动态研究。

1.4　研究的主要内容和方法

1.4.1　研究的主要内容

本研究从投入－产出的角度对城市公共基础设施效益进行综合评价，在对城市公共基础设施效益作用机制进行系统分析的基础上，建立城市公共基础设施效益评价指标体系，并以我国 35 个大中城市为样本进行实证检验，进一步提出改进我国城市公共基础设施效益状况的策略和方法。本研究具体内容共分为八个部分：

第一部分为绪论，对研究背景、研究意义、国内外研究现状、主要研究内容、研究方法和创新点做了简单交代。目的是阐述本研究的理论和现实价值，以及研究的必要性和可行性。

第二部分为研究的理论和方法论基础，首先对本研究涉及的相关概念进行了界定，并运用经济学理论、系统论等理论对研究的基础设施效益问题进行了分析和说明。其次，在对基础设施效益评价方法进行归纳总结的基础上提出本书的研究方法，并进一步对本书使用的方法、模型及其求解进行了详细说明。

第三部分从投入产出的视角出发，对中国城市公共基础设施现状进行了描述和分析。

第四部分至第六部分为城市公共基础设施效益的三维度评价，包括城市公共基础设施经济效益评价、社会效益评价和环境效益评价。在这三个部分的研究中，从投入－产出的角度分别对城市公共基础设施经济效益的作用机制、社会影响的作用方式以及环境改善的作用途径进行了深入分析。在此基础上分别建立城市公共基础设施经济效益、社会效益和环境效益评价指标体系，以中国 35 个大中城市为样本，运用 DEA 交叉效率模型对城市公共基础设施经济效益、社会效益、环境效益分别进行了实证检验。根据实证研究结果对我国城市公共基础设施经济效益、社会效益、环境效益的总体水平和差异状况进行判断和分析，并进一步探讨造成差异的可能原因及改进依据。

第七部分为城市公共基础设施效益的综合评价。通过对城市公共基础设施经济效益、社会效益、环境效益协同作用机制的阐述，论证了城市公共基础设施效益综合评价的必要性。运用 TOPSIS 方法，以第四至第六部分的实证研究结果为基础，对中国 35 个大中城市公共基础设施综合效益进行了评价。为城市公共基础设施经济效益、社会效益、环境效益的有效协调和发挥提供改进途径。

第八部分为本研究的对策建议部分。该部分对全文的研究逻辑进行了梳理，对研究结论进行了总结归纳，以此为依据提出改进公共基础设施效益的基本对策。同时，该部分对进一步的研究方向进行了展望。

1.4.2　解决的科学问题

（1）城市公共基础设施效益评价指标体系。城市公共基础设施效益三维度评价的技术难点是量化公共基础设施投入与产出的模糊性因素，确定城市公共基础设施评价所使用的投入与产出指标。本研究在对城市公共基础设施效益产生机制、作用机制进行系统分析的基础上，建立广义投入－产出模型，以该模型为基础，通过对城市公共基础设施经济效益、社会效益、环境效益作用途径的分析，分别建立城市公共基础设施经济效益、社会效益和环境效益评价指标体系，作为实证研究的基础。

（2）城市公共基础设施效益三维度评价与综合评价。本书利用所建立的评价指标体系，以中国 35 个大中城市为样本，运用 DEA 交叉效率模型分别对城市公共基础设施经济效益、社会效益和环境效益进行了评价，对公共基础设施效益总体水平和差异状况进行了诊断。鉴于城市公共基础设施效益是经济效益、社会效益、环境效益协调发挥的结果，本研究利用 TOPSIS 方法对城市公共基础设施效益进行了综合评价，以确定理想的标杆城市，并进一步探讨了改进城市公共基础设施效益的可能途径。

（3）城市公共基础设施效益差异的原因诊断。在实证研究成果的基础上，进一步对城市公共基础设施效益状况进行个体差异分析、区域特征分析、聚类分析、影响因素分解、动态分析等，判断导致城市公共基础设施效益差异的原因。因为本书从投入产出的角度论述了城市公共基础设施效益的作用机制，因此，需要着重考察城市公共基础设施投入要素对效益的影响，分析投入要素规模和结构特征对城市公共基础设施效益的影响，从而使本书的研究更符合理论逻辑，同时为改善城市公共基础设施效益状况提供可操作的依据。

1.4.3　具体研究方法及实施方案

1.4.3.1　研究方法

本研究将以经济学、新公共管理理论、系统论等学科理论为基础，广泛使用城市规划、环境科学、系统科学的新方法，以统计学和数理模型为分析工具，主要采用以下几种方法进行研究：

（1）系统动力学（System Dynamics）方法

本书采用系统动力学方法中的因果关系图来描述城市公共基础设施系统与城市社会经济系统间的相互关联，通过对城市公共基础设施系统与社会经济系统相关反馈回路的提取，明确城市公共基础设施系统效益发挥的作用机制，从而为城市公共基础设施效益评价理论框架的构建提供科学的方法和依据。

（2）实证研究与数据统计分析

运用数据包络分析（DEA）方法分别对城市公共基础设施的经济效益、社会效益、环境效益进行评价，分析城市公共基础设施在经济、社会、环境各方面投入－产出的相对效率。在此基础上，对样本城市特定时间跨度的效益水平变化进行动态分析，解释其发展规律；对样本城市效益水平进行横向比较和差异诊断，并选取标杆城市。

以城市公共基础设施效益三维度评价结果为基础，运用 TOPSIS 方法对城市公共基础设施综合效益进行评价。通过对理想状态的判断，分析各样本城市的相对效益水平，并进一步分析导致其综合效益差异的原因，有针对性地提出改善城市公共基础设施综合效益的途径和方法。

（3）标杆（benchmarking）管理的工具

本研究拟以最佳表现的城市公共基础设施为标杆进行"高标定位"分析，并借助于图表分析工具进行公共基础设施的"达标分析"，以期找出以最佳公共基础设施效益为标杆的城市，为其他城市公共基础设施效益提高设置目标方向。

1.4.3.1　实施方案

本书以理论研究与实证研究相结合，广泛运用经济学、管理学、系统论等理论分析工具和数据分析、经济统计分析等实证研究方法，在国内外文献梳理的基础上对城市公共基础设施六大系统的经济效益、社会效益、环境效益以及三维度综合效益进行评价，研究内容丰富，逻辑周密，具体实施方案如图1-1所示。

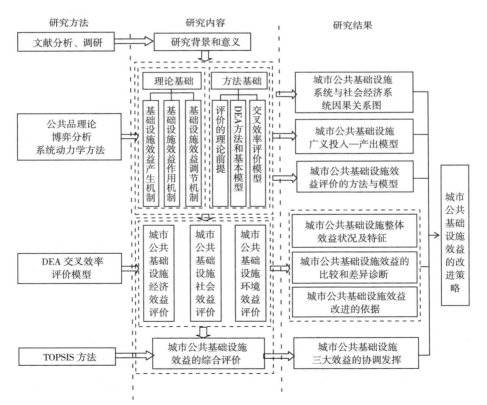

图1-1　研究的技术路线图

1.5　理论与实践方面的创新

本书以城市公共基础设施系统为研究对象，综合考察其经济、社会、环境三维度效益，并广泛运用新公共管理理论、系统论、控制论等提供城市公共基础设施效益改进策略和方法，实现了在理论体系、研究方法等方面的创新。

（1）将经济学中的公共品理论、社会再生产理论与系统论相结合，构建城市公共基础设施系统与城市社会经济系统的因果关系模型，利用其对城市公共基础设施系统与城市社会经济系统的相互作用机理进行分析；运用经济学原理建立城市公共基础设施广义投入－产出关系模型，为城市公共基础设施三大效益评价指标体系的建立提供理论依据。本研究将系统论的思想与方法引入新公共管理理论，真正实现了理论体系的学科融合。

（2）从经济效益、社会效益、环境效益三个维度对公共基础设施的利用效益进行综合评价，建立起包含三个维度（经济、社会、环境），两个角度（投入、产出），多层次、全方位的综合评价指标体系，从而在运用 DEA 方法进行评价后，能够全面反映公共基础设施系统在经济、社会、环境各方面的效益状况，实现了评价体系的创新，并为策略的选择提供实证依据。

（3）大系统理论适用于对规模庞大、结构复杂、目标多样、影响因素众多的复杂社会系统进行分析，本书所研究的城市公共基础设施系统恰好符合上述特性。运用大系统理论对城市公共基础设施系统进行分析，不仅能够为其效益评价提供完备的理论依据，同时也为公共决策和实施主动控制提供合理路径。本书从大系统视角出发，考察了基础设施系统的整体效益状况，并运用 DEA 交叉模型与 TOPSIS 分析方法相结合，在分别对城市公共基础设施系统的经济效益、社会效益和环境效益进行评价的基础上，进一步考察了三大效益的协调发挥状况，从而使本书的研究更好地体现了系统思想，从而实现了研究视角的创新。

第2章　城市公共基础设施及其效益评价
——基于理论和方法的视角

2.1 城市公共基础设施与城市公共基础设施系统

2.1.1 城市公共基础设施的内涵

2.1.1.1 基础设施的概念

根据《经济学百科全书》，基础设施一词最早作为一个工程术语是指建筑物承重部分的结构，"二战"后，这一术语被北大西洋公约组织用于军事领域战争能力的研究。该书将基础设施定义为：那些对产业水平或生产效率有直接或间接的提高作用的经济项目，包括交通运输系统、发电设施、通讯设施、金融设施、教育和卫生设施，以及一个组织有序的政府和政治体制[70]。

发展经济学将基础设施划入社会间接资本的范畴，Rosenstein-Rodan（1943）指出，一个社会在进行产业投资前，应具备基础设施方面的积累，从而为其他产业提供服务，这构成整个国民经济的先行成本。上述社会先行成本包括诸如电力、运输、通讯之类的基础工业，它们构成社会经济的基础设施结构。Albert. O. Hirschman（1958）进一步将资本划分为直接生产资本和社会间接资本，基础设施属于社会间接资本，是指进行一次、二次和三次产业活动所不可缺少的基本服务。他认为基础设施有狭义和广义之分，广义的基础设施包括法律、秩序、教育、公共卫生、运输、通信、动力、供水以及灌溉、排水系统等，狭义的基础设施不包括法律、秩序、教育及公共卫生等[70]。

目前被学术界广泛接受的基础设施概念是世界银行在《1994年世界发展报告》中提出的，根据该报告，基础设施是指永久的、成套的工程构筑、设备、设施和它们所提供的为所有企业生产和居民生活共同需要的服务，包括经济性基础设施和社会性基础设施两大类[71]。其中，经济性基础设施包括公用事业（电力、管道煤气、电信、供水、卫生设施和排污,固体废弃物的收集和处理系统),公共工程(大坝、灌渠和道路)以及其他交通部门(铁路、城市交通、海港、水运和机场),社会性基础设施包括文教、医疗保健等方面。国内学者在研究中,基于世界银行的定义,对基础设施进行了更为详细的界定和划分,如张望、陈共将基础设施划分为狭义和广义两个层次[72],狭义的基础设施是指经济性基础设施,又可分为生产性基础设施和生活性基础设施,广义的基础设施还包括社会性基础设施。蒋时节认为,基础设施(infrastructure)是指在国民经济各行业中,为了满足生产、生活的需要而必须具备的一般条件的基础结构和公共设施[73]。李强、金凤君将基础设施定义为以保证社会经济活动、改善生存环境、克服自然障碍、实现资源共享等为目的而建立的公共服务设施(系统),包括交通运输、信息、能源、水利、生态、环保等公用工程设施和医疗卫生、教育、社会福利、公共管理等公共服务设施,是环境的重要组成部分[74-75]。

综上所述,以往研究中对基础设施的界定涉及了基础设施的职能,如"满足生产、生活需要";作用,如"保证经济活动、改善生存环境……";性质,如"公共服务设施"等。虽然大多数定义通过列举的方式比较全面地概括了所有的基础设施类别,但是对于基础设施本身的定义并不全面和恰当。综合已有的研究,本书认为,基础设施是指出于公共目的而建立的,为生产、生活提供公共服务的,能够起到促进社会经济活动、改善生存环境、实现资源共享等作用的各种物质技术条件的总和。进一步,根据世界银行(1994年)的分类方法,将基础设施分为经济性基础设施和社会性基础设施,因为与社会性基础设施(包括教育、文化、法律等)相比,经济性基础设施与经济社会发展之间的作用更为直接,同时,对经济性基础设施的管理更具有可操作性,避免了制度变迁的长期性和不确定性因素。另外,经济性基础设施更容易量化,从而,一方面为实证研究提供了便利,另一方面也使得公共基础设施效益改善策略更具科学性。因此,本书将研究对象设定为经济性基础设施,包括能源电力、供排水、道路交通、邮电通信、生态环境、防减灾等设施。

2.1.1.2 基础设施的特征

（1）区域性。对于特定的基础设施项目是有一定服务范围的，它不可能超越自己的服务范围而为这个范围之外的活动提供服务。比如，某个农业灌溉设施，只能服务于当地的一个村镇或相邻的几个村镇，而不可能将服务范围拓展到整个省市或更广的范围；一个城市的轨道交通项目一般只能服务于所在的城市，甚至无法扩展到相邻的城市或市郊。大多数基础设施的服务范围具有明显的区域特征，比如电力、供水、排污、邮电、公共交通等，少数基础设施的服务范围具有相对广泛性，比如一些通讯设施（卫星）、高级别公路等，但即使是这类基础设施的服务范围也一般以国家为界限，能够提供超国界服务的基础设施并不是普遍存在的。

基础设施的区域性特征对于本书的研究极为重要，可以看作是本书研究对象选择的前提条件。通过对基础设施区域特征的进一步分析，我们发现，大多数基础设施是以城市辖区为服务范围的，比如管道煤气、公共交通、给排水、邮电通信、生态环境、防灾减灾等设施一般只服务于所属的城市，因此一个城市的基础设施能够形成一个比较完备的系统，与其他范围的基础设施系统相比，不同城市间的基础设施系统更具有同质性和可比性。

（2）生产性。基础设施是社会生产的必要条件，其生产性表现在社会经济活动的各个环节。首先，在生产环节，基础设施为生产单位提供生产条件，如能源电力、给排水等，并通过最终产品实现其价值；在分配、交换和消费环节，为经济活动的参与主体提供交通运输、邮电通信等设施和服务，从而起到降低交易费用，润滑社会经济活动的作用，因而间接地产生价值。基础设施的生产性是基础设施发挥效益的前提和基础。

（3）服务性。与其他社会生产部门相比，基础设施部门并不是以生产用于消费的最终产品为目的，只是利用初始产品（设备设施）提供其他部门生产、生活所需要的服务，而在服务提供的过程中，通常不会改变初始产品（设施、设备）的性质。服务性是基础设施作为公共产品而区别于其他社会产品的重要性质，其目的是提供社会经济活动所必须的各种条件。尽管我们所研究的基础设施是客观存在的物质实体，但这些物质条件从根本上讲只是提供服务的载体。基础设施的价值体现并非基础设施本身，而在于其所能提供的服务数量和质量。

（4）整体性。只有达到了一定的规模水平，能够服务于特定区域的整体或绝大部分，切实起到提高生产效率和居民生活质量的设施才可称为基础设施。也就是说，对于特定区域来说，其基础设施是作为一个整体存在的，而不是孤立的各种设备设施的简单集合。一方面，这些基础设施的运行需要服从统一的规划和规则，所提供的服务是同一生产过程所产生同质的"产品"；另一方面，从消费角度来看，单个消费者对基础设施及其服务的消费依赖于基础设施的整体性，即如果不存在其他消费者，就不存在基础设施，消费者个人的消费就无法实现。

（5）系统性。基础设施本身是一个复杂的系统，其内部各子系统之间相互联系、相互作用，从而使整个系统有序运转，实现服务于社会生产和生活的作用。同时，基础设施系统又是作为整个社会经济系统中的一个子系统而存在的，它与社会经济系统中的其他系统相互协调，共同推动整个社会经济系统的良性运转。基础设施的系统性是基础设施的重要特性，其内部各子系统之间的相互关系及其与社会经济系统之间的相互关系是基础设施效益的重要影响因素，也是本书考察的重要内容。

2.1.1.3 基础设施的分类与职能

大多数研究在提出基础设施概念的基础上对基础设施形态进行了详细的列举，并按照不同的标准对基础设施进行分类，归纳起来，大概有以下几种：

（1）按照专业职能分类。在大多数的研究[76-78]中，对基础设施的分类是按照专业职能进行的，即将基础设施分为六大类，包括能源动力、水资源和供排水、道路交通、邮电通信，生态环境和防灾；也有学者[70]在研究中将基础设施划分为五大类，包括交通基础设施、供水基础设施、能源基础设施、通讯基础设施和环保基础设施。《城市基础设施词典》更为直观地将城市基础设施划分为城市供水与节水、城市排水与污水处理、城市道路、城市桥梁、城市公共交通、城市供电与照明、城市燃气、城市供热与节能减排、城市园林绿化、城市市容环境卫生与垃圾处理、城市邮政、城市电信和城市防洪等 13 个类别。

（2）按照服务的社会经济活动类型分类。世界银行《1994 年发展报告》将基础设施划分为经济性基础设施和社会性基础设施，并得到了各界的广泛认可和应用。这种分类方法实际上是根据所服务的社会经济活动类型的不同来进行划分的，比如，经济性基础设施包括公用事业（电力、管道煤气、电信、供水、卫生设施和排污，固体废弃物的收集和处理系统），公共工程（大坝、灌渠和道路）以及其他交通部门（铁路、城市交通、海港、水运和机场），这些是服务于直接的社会生产活动的；社会性基础设施包括文教、医疗保健等，这些则是服务于间接的社会生产活动的。

（3）按照功能分类。按照基础设施的功能可将其分为生产性基础设施和生活性基础设施，生产性基础设施是指那些专门为生产部门提供服务的公共事业和公共工程，比如高压输电、工业用水、工业废水处理等设施；生活性基础设施是指那些为居民生活提供的公共事业和公共设施，比如自来水、供气供暖等设施。与生活性基础设施相比，生产性基础设施所需要的专业性和技术水平往往更高。

（4）按照服务的空间范围分类。按照服务的空间范围，基础设施可划分为全国性基础设施和区域性基础设施。全国性基础设施是指关系国民经济整体运行状况、服务于全国生产生活的大型基础设施项目，如南水北调、西气东输等；区域性基础设施是指服务于特定区域社会生产和生活的基础设施，但是对于区域的具体界定可以分为四个层次，一是由地缘相近的若干省（区、市）构成的具有经济联系的特定区域，如长三角、珠三角、环渤海等，这些区域内一些基础设施可为若干省（区、市）共用，如长三角区域上海、苏州、杭州等城市间的高速铁路；二是省（自治区、直辖市）域范围，全国 31 个省（自治区、直辖市），每个地方行政区域都有公共基础设施，比如各省的省道；三是市县范围，各市县的公共基础设施包括公共供热设施、给排水设施等，这类设施一般是以市县为单位的；四是农村范围内的公共基础设施，一般指农田水利工程设施等。

（5）按照经营收益方式分类。按照经营收益方式，基础设施可划分为经营性基础设施和公益性基础设施。经营性基础设施按照建设成本补偿程度又可分为盈利性基础设施和半盈利性基础设施，盈利性基础设施的建设成本一般可得到全部补偿，如通讯设施；半盈利性基础设施的建设成本可得到部分补偿，如给排水和垃圾处理。公益性基础设施一般是无偿使用的，不需要使用者支付费用，其建设、维护、运营等资金一般由中央或地方财政统一安排拨付，如城市道路桥梁、园林绿化等。

（6）按照空间形态分类。按照空间形态，基础设施可划分为实体网络基础设施和虚体网络基础设施。实体网络基础设施指在空间上以实体相联结而构成的基础设施系统，包括道路交通基础设施、能源电力基础设施、给排水设施等，该类设施的特征是，如果破坏了实体间的联结则会影响其功能的发挥；虚体网络基础设施是指以"点"状形式存在，且各点间无实体联结的基础设施，包括教育、卫生等基础设施。

根据上述对基础设施的分类描述，本书的研究对象可具体界定为城市公共基础设施，即服务范围是以城市为界，所有为城市生产和生活提供服务的经济性基础设施，其内涵包括能源动力基础设施、水资源和供排水基础设施、道路交通基础设施、邮电通信基础设施，生态环境基础设施和防减灾基础设施。

2.1.1.4　城市公共基础设施的作用

城市公共基础设施是城市存在和发展的物质基础，为企业生产和居民生活提供必要条件。

（1）促进经济发展，提高居民生活水平。城市公共基础设施部门是非生产性部门，却为其他的生产部门提供中间产品（服务），从而保证城市各项生产活动的顺利进行。因此，作为城市其他生产活动的物质基础，城市公共基础设施的存在和发展有力地推动了城市经济的发展。城市公共基础设施的发展水平在很大程度上决定着城市居民的生活水平。一方面，城市公共基础设施发挥着促进城市经济发展的作用，经济发展意味着国民收入增加，收入增加直接带来生活水平的提高；另一方面，城市公共基础设施为城市居民提供生活保障。城市居民的吃穿住行都离不开公共基础设施。城市公共基础设施水平反映了城市居民的生存环境与生活状态。

（2）推进城市化进程。城市的发展与基础设施的发展是一种互为条件、互相推进的无限循环模式。人口的集聚在形成了城市的同时也对城市的载体功能提出了要求，基础设施的发展缓解了城市发展过程中产生的人口集中、环境污染、交通混乱等顽症，同时为发展提供了条件并导致人口的进一步集聚，城市化的发展又对基础设施提出了新的要求……。这一螺旋上升的过程就是一个典型的城市化过程。并且，基础设施的发展对城市化的推进作用表现为一种乘数原理，一个单位基础设施的投入，引起的是数倍于此的城市发展效果。这一原理解释了为什么对于资源禀赋、区位条件等极为相似的若干个城市而言，基础设施投入的微小差别会引致经济发展水平的明显差异。

（3）体现社会公平。城市公共基础设施公平收入分配的功能可以从生产和消费两个环节进行分析。城市公共基础设施的生产过程可以看作是基础设施的投资建设过程，那么，从资金来源的角度，城市公共基础设施的建设资金来源于政府拨款，而财政资金则来源于税收，税收本身就是一种"劫富济贫"的政策工具。从消费的角度考察，公共基础设施消费的非排他性决定所有城市居民都平等地享有对城市公共基础设施的使用权，而与他所支付的税款多少无关。也就是说，缴纳税款相对较多的富人和缴纳税款相对较少的穷人对城市公共基础设施的消费是无差别的，这本身就体现了一种公平精神。

（4）保护优化生存环境。快速的城市化步伐在创造出空前的经济繁荣的同时，也引发了人与环境之间诸多难以调和的矛盾、人口膨胀导致的资源短缺、环境污染引起的生态危机普遍存在于各个城市，并且其严重程度大有与经济发展水平成正比之势。在这种情况下，一些体现低碳经济、循环经济的基础设施以及保护、改善生态环境的公共工程就能很好地发挥作用、缓解生态压力、优化生存环境。比如，一些大型的清洁能源发电设施、大型的防护林工程以及城市的园林绿化设施都能发挥优化城市环境的功能。

2.1.2　城市公共基础设施系统

从系统论的角度进行分析，城市公共基础设施系统是一个复杂社会系统，它是整个社会经济大系统的一个子系统，同时又是由若干子系统构成的复合系统。各子系统相互影响、相互作用，共同构成了城市公共基础设施系统的特性，同时，城市公共基础设施系统在与社会经济系统的相互作用中，实现作为社会经济系统子系统的各种职能，发挥对社会经济发展的促进作用。

2.1.2.1　城市公共基础设施系统的构成

城市基础设施系统是一个复杂系统，其中又包含若干子系统，各子系统之间相互影响、相互作用、协调发展，能够产生"1+1>2"的系统效应，共同服务于社会经济发展。同时，各子系统又互为条件，作为其他子系统存在和发展的基础。但从某些角度来讲，如资源占用、空间共存等，各子系统之间不可避免地存在竞争和冲突。本书仅从经济管理的角度来考察城市基础设施六大系统间的相互作用关系，以此作为量化分析的基础。

城市能源动力系统是由城市电源、电力网络、热源、供热管网、燃气、输气管网等环节组成的城市能源生产和消费系统，其功能是以其所有设施进行能源开采及生产并为城市生产生活提供能源动力及相关服务。

城市水资源和供排水系统是由城市给水水源、取水构筑物、原水管道、给水处理厂、给水管网、排水管系、废水处理厂和最终处理设施等组成的城市水生产、消费和处理系统，其功能是为城市生产生活提供用水（包括直饮、清洁、工业、消防用水等）及相关服务。

城市道路交通系统是由城市道路（公路、轨道、航道）网、运输设施及其运营管理机构组成的用以完成城市客货运输任务的综合服务系统，城市道路交通系统是城市的框架和动脉，把分散的生产、生活活动连接起来，从而提高城市生产生活效率。

城市邮电通信系统是由城市邮政局及其邮政设施、城市电信机构及其终端设备、传输设备、交换设备及附属设备等组成的复杂信息网络，其功能是为城市生产生活提供各种信息的交换和传递服务。

城市生态环境系统是由城市空间范围内的自然环境以及环境保护设施、设备等共同组成的复杂系统，包括城市空气、水、植被、市容环卫等，其功能是为城市生产生活提供良好的空间和环境，保证城市可持续发展。

城市防减灾系统是由城市灾害测控部门、消防站、医疗急救中心、卫生防疫站、防减灾物资储备仓库、医院等机构及其附属设施设备组成的城市灾害管理、防御、救援系统。其功能是为城市提供灾害研究、监测、信息处理、预警、预报、防灾、抗灾、救援、灾后援建等服务及设施。

城市基础设施六大系统互为发展条件，各子系统都为其他系统提供相应的设施和服务，引起产品和服务在六大系统间的流动，同时，引起资金的反方向流动，即各子系统都要为其他系统提供的设施和服务支付相应的费用，例如，其他部门使用能源动力部门所提供的水、电、热力等，需要支付相应的费用。如图 2-1 所示，其中实线代表产品和服务的流动，虚线代表资金的流动。

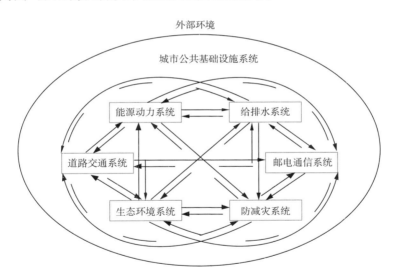

图 2-1 城市公共基础设施系统结构图

（本图为作者自创）

2.1.2.2 城市公共基础设施系统的特征

城市公共基础设施系统作为一个复杂系统，既具有一般系统的共性特征，包括整体性、结构性、相关性、动态性、目的性等，同时由于系统构成、系统环境、作用方式等的特异性，又表现出区别于其他系统的一些特征。

（1）城市公共基础设施系统构成的相对稳定性。城市公共基础设施系统的发展和完善是随着社会经济的发展而不断推进的，在当前，为满足城市经济社会发展对公共基础设施的需求，形成了职能各不相同的六大基础设施子系统。六个子系统涵盖了为城市生产生活提供设施和服务的所有公共基础设施，现有基础设施在形态、规模、空间结构上的调整只是资源在六大系统内部的重新分配，由技术革命而产生的新的基础设施形态也可归类于六大子系统中。因此，从系统构成的角度来讲，六大子系统共同构成城市公共基础设施系统，能够满足城市发展的需要，具有一定的稳定性。

（2）城市公共基础设施系统是一个复杂巨系统。城市公共基础设施系统包含多个复杂子系统，每个子系统又由若干复杂子系统构成，不同层次间以及同一层次的不同系统间交互作用复杂多样，难以用现有的数学工具进行描述，需要在现代信息技术的基础上，采用人机结合以人为主的思维方式和研究模式，结合运用经验知识、科学知识、哲学知识进行分析。解决复杂巨系统问题，使用自然科学与社会科学理论方法相结合的软系统方法论更有效。

（3）城市公共基础设施系统是一个非平衡开放系统。非平衡态用来表述系统变量不是常量的定常态，是动态发展系统的常见状态。从时间序列来看，城市公共基础设施系统是随着社会经济系统的发展而不断发展变化的，系统中涉及的各变量，如状态变量、速度变量、结构变量等也都处于非常态的变化之中，且变化速度是非均匀的。从空间角度看，城市公共基础设施六大子系统间的发展也是非平衡的，表现在规模、结构、速度等各方面。同时城市公共基础设施系统是一个典型开放系统，与所在的社会环境之间存在着物质、能量和信息交换，通过这些交换活动，公共基础设施与社会环境之间发生复杂联系，发挥作为社会经济系统子系统的各项功能。

（4）城市公共基础设施系统是一个多目标多变量非线性综合系统。城市公共基础设施系统是城市社会经济系统的重要组成部分，对城市社会经济的发展起着重要的支撑与保障作用。城市公共基础设施部门作为一般社会生产部门的共同性和作为公共产品供给部门的特殊性，决定了在生产经营过程中不仅要实现经济效益目标，同时要考虑到社会和谐发展、可持续发展的非经济性目标，而这些目标在现实中往往是相互冲突的。同时，城市公共基础设施系统所包含的各变量之间也存在着相互依存、相互制约的复杂关系。因此，在涉及城市公共基础设施系统的管理决策中，如何协调各变量之间的复杂关系，同时在经济目标和非经济目标之间进行权衡，使系统最终实现协同最优，是管理者最关心的问题。

（5）城市公共基础设施系统状态及其运行规律是由一定的社会条件和自然环境共同决定的。从空间角度来看，城市公共基础设施系统处于一定的自然环境之中，其发展变化受到自然条件的客观约束，同时也对自然环境产生反作用（包括有利影响和不利影响）；另一方面，城市公共基础设施系统在社会系统中运行，要受到社会制度的主观制约，并实现与社会系统的交互作用。自然环境、社会制度和社会发展水平共同决定了城市公共基础设施的发展水平和发展方式。

2.1.3　城市公共基础设施系统与社会经济系统

社会经济系统是以人的活动为中心，涉及社会、经济、科学技术、文化教育、生态环境等各个领域的一个有机整体[79]。城市公共基础设施系统是社会经济系统的子系统，既是提供公共设施、公共服务的生产部门，也是实现国民收入再分配的重要工具，同时又是通过社会积累实现扩大再生产的有效途径。城市公共基础设施系统通过与社会经济系统的相互联系、相互作用发挥自身功能，实现经济效益、社会效益、环境效益的统一。明确城市公共基础设施系统与社会经济系统的相互关系，是分析城市公共基础设施效益作用机制的理论基础。

城市公共基础设施系统与城市社会经济系统中的其他子系统相互影响、相互作用。共同构成了城市社会经济系统的特性，推动城市社会经济系统健康有序发展。城市公共基础设施系统与其他社会子系统之间存在着复杂多样的交互影响，正是通过这些交互影响，使城市公共基础设施系统实现了促进城市社会经济发展的功能。

系统动力学模型中的因果关系图可以用来描述城市公共基础设施系统与城市社会经济系统的交互作用关系。

图 2-2 中列示了城市公共基础设施系统与城市社会经济系统各要素的因果关系，该系统中主要有以下几条影响较大的因果关系反馈回路：

（1）基础设施存量—基础设施服务—总产出（GDP）—基础设施投资—基础设施供给；

（2）基础设施存量—第一产业投资（第二产业投资、第三产业投资）—第一产业产值（第二产业产值、第三产业产值）—总产出（GDP）—基础设施投资—基础设施供给；

（3）基础设施存量—基础设施服务—第一产业产值（第二产业产值、第三产业产值）—总产出（GDP）—基础设施投资—基础设施供给。

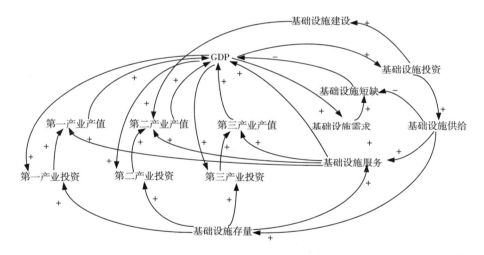

图 2-2　城市公共基础设施系统与城市社会经济系统因果关系图①

以上三条因果关系反馈回路反映了城市公共基础设施对社会经济系统的不同作用方式，首先，基础设施部门通过自身的运营管理活动提供设施和服务，创造出本

---

① 胡天军，卫振林．高速公路社会经济效益后评估的系统动力学模型 [J]．数量经济技术经济研究，2000，（4）：9．

部门的经济价值，并作为国民经济的组成部分计入总产出，总产出的增加会引起对基础设施投资的增加，从而引起基础设施供给增加，供给的增加意味着可提供的设施和服务增加，因此会创造更多的经济价值，这就形成了一个扩大社会再生产的良性循环回路；其次，基础设施存量的增加改善了投资条件，使三次产业的投资增加，并引起三次产业产值和总产出的增加，回路中其他因素相应增加，这一反馈回路反映了基础设施部门为社会再生产提供基本条件的作用；最后，基础设施部门提供的服务作为三次产业的中间产品而计入三次产业产值，这一反馈回路反映了基础设施为社会再生产提供中间产品的作用。

另外还有两条比较特殊的反馈回路：

（1）总产出（GDP）—基础设施需求—基础设施短缺

（2）总产出（GDP）—基础设施投资—基础设施需求—基础设施短缺

上述两条回路反映了基础设施供求平衡与社会经济的相互作用关系，一方面，经济总量增加，经济活动强度加大，对基础设施的需求增加，使基础设施表现出相对短缺；另一方面，经济总量增加，对基础设施的投资增加，导致基础设施供给增加，从而缓解了基础设施短缺的状况。当基础设施短缺的状况被消除，社会经济活动就会继续良性循环过程，但如果短缺状况得不到缓解，就会影响社会经济活动的正常进行。

2.2　城市公共基础设施效益及其作用机制

2.2.1　效益及其测度

2.2.1.1　效益的内涵

效益指效果和利益[80]，反映了资源消耗、劳动占用与所获得的符合社会需要的劳动成果之间的对比关系。任何理性的决策主体都希望以最小的投入获得尽可能多的产出，正如李嘉图在《政治经济学和税负原理》一书中指出的："真正的财富在于用尽量少的价值创造出尽量多的使用价值，……"。马克思在评价李嘉图的思想时进一步明确，真正的财富应当是在尽量少的劳动时间内创造出尽量丰富的物质财富。这就是说，生产资料、生活资料这些物质资料虽然是财富，但是不是真正的经济意义上的财富，必须进一步看生产它们时耗费了多少劳动。如果投入了巨量的劳动，生产的物质资料总产量不多，价值不大，不能补偿已经消耗的劳动，便没有带来真正的利益。马克思的观点从使用价值角度出发说明了投入与产出之比，即效益的有无和大小。恩格斯进一步从价值的角度出发对上述问题进行了诠释，他在《政治经济学批判大纲》中指出："价值是生产费用对效用的关系。价值首先是用来解决某种物品是否应该生产的问题，即这种物品的效用是否能抵偿生产费用问题，……，如果两种物品的生产费用相等，那么效用就是确定他们的比较价值的决定因素。"[81] 在这里，恩格斯所使用的效用的概念其本质就是效益，因为它们都是用于反映产出与投入之间的对比关系。

从以上对效益的阐释中，可以归纳总结出效益的三个关键因素：

（1）效益是用来描述社会生产和再生产活动的结果的。无论是李嘉图的财富观、马克思的使用价值思想，还是恩格斯的价值思想，虽然他们对效益的理解和表述不同，但是，这些观点都明确了社会生产过程的存在，即经过生产资料、劳动时间的消耗而创造出新的物质产品。因此，效益的概念反映了人类社会生产活动的实践性和创造性特征，是社会生产活动区别于其他自然活动的重要标志。

（2）只有符合社会需要的成果才可能实现效益。马克思有关社会资本再生产理论的中心问题是社会总产品的实现问题，他在《经济学手稿》一书中论述生产与消费的关系时指出："产品只是在消费中才成为现实的产品"，"消费创造出新的生产的需要"。现实的产品就是社会需要的产品，是能够满足生产消费和生活消费的产品，是能实现价值和使用价值的产品，不能满足需要和实现价值的产品是没有必要被生产出来的，也就无效益可言 [67]。

（3）效益体现了投入与产出之间的对比关系。马克思和恩格斯在阐述效益问题时都明确了效益的判断标准，即能够补偿所消耗的劳动或抵偿生产费用，这是从价值的角度对效益进行的衡量。如果社会生产活动所产生的价值能够补偿所消耗的生产资料价值并有剩余，就说明该项社会生产活动产生了效益，剩余的多少可以用来评价效益的大小。但是，随着社会经济活动日益复杂，价值的范畴在不断变化，狭义的价值可以仅指经济价值，用货币单位进行衡量。而广义的价值可以用来概括所有对社会发展有利的成果，这些成果有的可以用货币单位来衡量，比如人民生活水平可以用收入或者消费来衡量；有的需要用其他数量单位来衡量，比如就业率（失业率）需要用相对指标数值来描述；而有一些成果无法用直接的指标数据来衡量，需要用替代指标或者评价指标来衡量，比如幸福指数、小康水平等指标，并没有直接的统计数据也无法用数据指标直接表达，而是需要通过技术手段的处理通过相关指标的收集并使用技术方法计算出结果加以近似描述。

2.2.1.2　效益的分类

（1）内部效益和外部效益。按照效益实现范围的不同，可以分为内部效益和外部效益。内部效益是指某个社会生产部门生产经营活动的投入与本部门产出的比较，是对生产部门本身效率的度量。外部效益是指某个社会生产部门通过投入社会资源进行生产经营活动，由此所创造的产品为其他生产部门提供生产条件，通过提高劳动生产率、降低交易费用等方式使其他社会生产部门的产出增加，反映了单个社会生产部门对整个社会发展的贡献程度。

（2）直接效益和间接效益。按照效益产生的时间不同，可以分为直接效益和间接效益。直接效益指某项社会生产活动在进行的过程中所产生的能够于当期实现的影响和结果，既包括本部门内部的产出，也包括对其他部门的影响。间接效益是指某项社会生产活动结束后，其所产生的成果作为本部门以及其他生产部门进行再生产的条件，参与新的价值创造并作为间接产品在新价值中体现。

（3）经济效益、社会效益和环境效益。按照表现形式的不同，可以分为经济效益、社会效益和环境效益。经济效益反映了某项社会生产活动成本费用与实现的经济价值之间的对比关系，可以用收入、利润等指标进行衡量。社会效益反映了某项社会生产活动对社会发展的贡献，如增加收入、促进就业、提高生活水平等，可以用人均收入、就业率等指标进行衡量。经济效益和社会效益反映了某项社会生产活动对整个社会经济系统的影响，这些影响大多可以用可量化的指标加以描述。环境效益是指某项社会生产活动对生态环境产生的影响（包括有利影响和不利影响），反映了社会经济系统与生态环境系统之间的相互作用关系。与社会经济因素不同，对环境因素的描述往往很难量化或很难具体化，比如空气质量、水质等，虽然有指标可以对其进行描述，但是从指标本身很难直接看出具体状态。对环境影响的判别和量化则更加困难，比如某项大型建设项目对土地、空气、植被都产生了影响，土地、植被面积、成分的变化可以用数据进行描述和比较，但由此产生的土地退化、植被属性的改变以及空气质量的改变却很难监测和描述。因此，环境效益的测度具有间接性和模糊性，需要通过技术手段才能与其他效益指标进行比较。

2.2.1.3　效益的测度

效益用于反映投入与产出之间的对比关系，因此，对效益的测度可以采用差额比较法和比例法两种方法，前者可称为绝对效益，后者称为相对效益。绝对效益用于描述投入产出之间的差额关系，通过差额比较的方式得到，即绝对效益 = 产出 − 投入。绝对效益的差额比较要求参与比较的双方有相同的计量尺度或计量单位，适用于单指标的简单分析。相对效益由比例的方式得到，即相对效益 = 产出 / 投入。通过采用技术方法，相对效益可以用来分析单位和量纲不同的投入产出比较问题，适用于多指标的综合评价。随着社会经济活动日益复杂，效益的内涵和外延不断扩大，对效益的测度已经由简单的经济指标比较演变为包括经济、社会、环境等因素在内的多指标综合分析。为了对城市公共基础设施效益进行全面系统评价，本书采用多指标综合分析，并运用 DEA 模型对指标数据进行科学处理，使评价结果更能反映城市公共基础设施效益的综合特征。

2.2.2　城市公共基础设施效益的内涵

根据效益的概念和内涵，我们定义城市公共基础设施效益是，城市公共基础设施部门生产经营活动的效果和利益，反映了城市公共基础设施部门资源消耗、劳动占用与产生的符合社会需要的成果之间的对比关系。城市是人口聚集、生产经营活动相对集中的区域，特别是在我国城市化进程不断加快的阶段，城市承担着重要的集聚与扩散功能，同时也是重要的经济增长点，是促进社会经济发展的最活跃因子。无论是推动经济增长，还是发挥集聚与扩散功能，都要求有完善的基础设施保障。而现阶段，我国城市基础设施还处在持续建设中，尚未完全适应快速发展的社会经济活动。因此，如何使有限的基础设施投入最大限度地发挥对社会经济活动的支撑作用就成为一个关键问题，亦即基础设施的效益问题。

由于城市公共基础设施系统与城市社会经济系统之间存在着复杂的相互作用关系，城市公共基础设施部门在保证本部门生产经营活动正常进行的同时，还承担着为其他社会生产部门的生产经营活动提供基础条件和中间产品的责任，同时部分基础设施部门的生产经营活动还发挥着调节人类社会经济系统与自然生态系统相互关系的作用。也就是说，对城市公共基础设施效益的考察应该从更宏观的角度出发，不仅要体现城市公共基础设施部门创造直接经济价值的能力，还要考察基础设施部门作为生产条件参与价值创造的能力，同时也要考虑到基础设施为社会发展以及调节人与自然矛盾所做的贡献。综上所述，对城市公共基础设施的考察应该包含以下三个维度：

2.2.2.1　城市公共基础设施经济效益

经济效益是从价值维度对社会生产活动成果的考察。通过生产经营活动取得经济收入是社会主义市场经济的核心内容。城市公共基础设施经济效益反映了城市公共基础设施部门在生产经营活动中，资源消耗、劳动占用与所取得的经济收入之间的对比关系。经济价值的实现是通过产品（服务）的提供来完成的。对于城市公共基础设施部门来讲，其经济价值是通过两种途径来实现的。首先，城市公共基础设施部门自身在生产经营活动中，通过提供设施和服务收取费用。这部分费用表现为城市公共基础设施部门的经济收入。但是，这部分收入没有完全反映所提供商品的价值，比如，水的生产和供给部门向全社会提供生产和生活用水，所收取的只是水的生产及相关设施维护费用，而没有体现水的价值。另外，由于基础设施建设的长周期、高投入性以及基础设施投资和管理体制的分离，基础设施部门的经济收入也不能完全反映其建设成本。也就是说，基础设施部门的收入只能部分补偿其资源消耗和成本投入，从这个角度讲，相对于其他社会生产部门，城市公共基础设施部门的经济效益不理想。根据经济理论，这是不符合成本收益原则的。但是，城市公共基础设施是城市存在和发展必不可少的基本条件，如果没有基础设施，城市的存在都成问题更无法谈及发展了。这说明，除了取得经济效益外，城市公共基础设施部门承担着更重要的发展职能，是城市存在和可持续发展的基础。因此，对城市公共基础设施效益的考察不能仅仅着眼于经济价值维度，要从更宏观的范围来考察其整体效益。

2.2.2.2 城市公共基础设施社会效益

社会效益是从社会发展维度对社会生产活动成果的考察。社会发展状况用于描述社会各种要素前进的、上升的变迁过程，这些要素大多是非经济的，如生活水平、人口素质、贫困程度、社会稳定状况等。城市公共基础设施社会效益是城市公共基础设施对促进就业、增加收入、提高生活水平等社会福利所做的各种贡献，反映了基础设施部门资源利用、劳动消耗与全社会发展有益成果之间的对比关系。城市公共基础设施对社会发展的影响可以分为直接影响和间接影响，直接影响表现在，一方面，城市公共基础设施的建设和运营改善了人们的生活方式，进而提升了其思想水平，表现为人的整体素质的提高和人的全面发展；另一方面，城市公共基础设施的发展和完善发挥了一种品牌效应，提升了城市的软实力，为集聚和扩散提供条件，从而推进了城市化进程。城市公共基础设施对社会发展的间接影响表现在：城市公共基础设施的建设和运营繁荣了社会经济活动，提高了经济发展水平从而提高了收入水平，促进了就业，并在一定程度上降低了贫困，这些因素是社会和谐稳定发展的关键。和谐稳定是社会发展的基础，人的全面发展是社会发展的最终目标。因此，城市公共基础设施对城市社会发展具有举足轻重的影响，城市公共基础设施社会效益作为城市公共基础设施效益的重要组成部分，应该受到足够的重视。

2.2.2.3 城市公共基础设施环境效益

城市公共基础设施环境效益指城市公共基础设施对城市生态环境的维护和改善作用，反映了城市公共基础设施部门在运营过程中，资源利用、劳动消耗与所产生的生态环境有益成果之间的对比关系。随着我国城市化进程的加快，城市人口空前膨胀，城市社会经济活动日益频繁。但是，城市化带来城市经济社会快速发展的同时，也给城市生态环境造成了巨大的压力，导致城市环境状况日益恶化。环境污染、资源枯竭等生态软肋严重威胁着城市的可持续发展以及人类的生存安全。城市公共基础设施，特别是生态环境类基础设施的建设和运行，对于降低污染、提升城市环境质量具有明显效果。并且，从实际情况来看，城市生态环境的改善主要依靠节能减排和生态环保类基础设施的建设运营两种途径，前一种途径只能减小损害，而后一种途径则同时起到减小损害和改造优化的功能。因此，城市公共基础设施环境效益的发挥对于城市的可持续发展具有重要作用，应成为公共基础设施部门及相关决策部门关注的重点领域。

2.2.2.4 城市公共基础设施经济效益、社会效益和环境效益的统一

城市公共基础设施系统是一个有机整体，无论是经济效益、社会效益还是环境效益都统一于一个基础设施系统。一方面，基础设施经济效益、社会效益和环境效益的发挥都是以基础设施系统为载体，通过基础设施系统的协调运行实现的；另一方面，基础设施的经济效益、社会效益、环境效益是相互关联、相互影响、相辅相成的，经济效益是社会效益和环境效益发挥的前提，环境效益是经济效益和社会效益发挥的保障，社会效益是经济效益和环境效益的最终目的。基础设施效益是经济效益、社会效益和环境效益的统一。只有实现经济效益、社会效益和环境效益的协调发挥才能保证城市公共基础设施实现最佳效益。

2.2.3 城市公共基础设施效益的产生机制——公共品及其外部性

城市公共基础设施部门本身不能产生良好的经济效益，但是其生产经营活动是

社会经济系统正常运行所不可或缺的条件。城市公共基础设施部门所发挥的社会效益和环境效益与经济效益相比更能促进城市发展，这是源于城市公共基础设施的公共物品属性。

2.2.3.1 公共品的特征和分类

公共品是相对于私人物品而言的，二者的区别在于，公共品是可以让所有人或大多数人同时消费的物品，而私人物品在任何时候只能为一个使用者提供效用。但是，提供给多人同时使用并不能完全说明公共品的特征，要进一步明确公共品的含义需要首先了解两个概念——非排他性（non-excludability）和非竞争性（non-rivalry）。

区分公共品的第一个特征是个人能否被排除在从消费该商品中得益的范围之外。对于大多数私人物品，支付费用可以获得独享权而将他人排除在获益范围之外。但是，如果一种物品被提供之后，没有一个家庭或个人可以被排除在消费该物品的过程之外，或者，排除其他人对该物品的消费需要额外支付昂贵的代价，则称该种物品具有非排他性。国防是一个典型的例子，一旦国防体系建立起来，则所有国民会从中受益，而无论他们是否支付了费用。

区分公共品的第二个特征是非竞争性。非竞争性是指消费的非竞争性，即一种产品一旦被提供，其他人消费它的额外资源成本为零，换句话说，该物品一旦被提供，即使增加消费者数量也不会导致其边际成本的增加。并且，任一消费者对该产品的消费不会减少其他消费者对该产品的消费和使用。因此，非竞争性的含义包括两点：第一，消费量增加所发生的边际成本为零；第二，每个消费者都可以完整地享受非竞争性物品提供的效用，而不受其他消费者消费活动的干扰。但是，非竞争性同样也包含了"无可逃遁性"的涵义，即，一旦该种物品被提供，即使他对于某个社会成员来说是不必要的甚至是厌恶型产品，但是他也无法选择不消费该种产品或服务。比如某国建造导弹系统，一些公民会认为是具有战争倾向的，因而持反对意见，但这并不能阻止该系统的建立。

非排他性和非竞争性是公共品的基本属性，但并非所有的公共品都同时兼具非排他性和非竞争性。同时满足非排他性和非竞争性两个属性的物品称为纯公共品。

不具备非排他性但具备非竞争性的物品称为俱乐部物品，具备非排他性但不具备非竞争性的物品称为共同资源物品，共同资源在使用中无法排他，但增加消费数量会导致其他消费者的效用受损。俱乐部物品和共同资源物品通称为准公共物品，即不同时具备非排他性和非竞争性。准公共物品一般具有"拥挤性"的特点，即当消费者的数量增加到特定值后，就会出现边际成本为正的情况。公共品的分类及举例可以用表 2-1 加以描述。

表 2-1　公共品的分类

	非竞争性	竞争性
非排他性	纯公共品，如国防、立法、天气预报	共同资源物品，如渔场、公共牧地
排他性	俱乐部物品，如游泳池、公共网络	私人物品，如汽车、住房

　　本书所研究的城市公共基础设施包含六大类，每个类别中又包含性质不同的若干种基础设施。有些基础设施同时具有非排他性和非竞争性特征，有些基础设施具备非排他性和非竞争性两种特征之一，而某些基础设施在不同的拥挤程度下，会表现出不同程度的非排他性和非竞争性特征。表 2-2 列示了基础设施的公共品属性分类。

表 2-2　城市公共基础设施公共物品属性分类

基础设施子系统	纯公共品	准公共物品	
		俱乐部物品	共同资源物品
能源动力系统		电力、燃气、供热	
水资源和供排水系统	排水（非拥挤）	水的生产和供给	排水（拥挤）
道路交通系统	非收费公路（非拥挤）	高速公路（非拥挤）、公共交通（非拥挤）	非收费公路（拥挤）
邮电通信系统		邮政（非拥挤）、电信	
生态环境系统	垃圾和污水处理、园林绿化（非拥挤）		环境清洁、园林绿化（拥挤）
防减灾	防洪、防震、	医疗救助（非拥挤）	

如表 2-2 所示，按照公共物品属性，城市公共基础设施可具体划分为三类：

（1）属于纯公共品的设施。在城市公共基础设施中，一些设施属于纯公共品，如垃圾和污水处理设施、防洪、防震设施。这些设施一旦建立，没有家庭或个人可被排除在消费范围之外，即不需支付费用就可享受相应设施及其提供的服务，即使增加消费者数量，也不会使成本增加。另有一些设施在特定情况下（非拥挤）可归于纯公共品，如城市排水系统、非收费公路和园林绿化，使用者无需对此支付费用，并且在特定限值内，增加消费者数量不会影响其他消费者的效用，但当超过特定限值后，增加消费者数量会影响其他消费者的效用。如非收费公路在发生拥堵时，消费者效用会因此受到损失。

（2）属于俱乐部物品的设施。大部分城市公共基础设施属于准公共物品，其中，一部分具有俱乐部物品属性，而另一部分表现出共同资源物品属性。城市公共基础设施中，电力、燃气、供热、水的生产和供水、电信等属于俱乐部物品，这些设施及相关服务的消费需要支付费用，但增加消费者数量不会对其他消费者效用造成影响。还有一些设施在特定情况（非拥挤）下表现出俱乐部物品属性，如高速公路、公共交通、邮政和医疗救助等，消费该类物品需要支付相应费用，在消费者数量不多的情况下，增加消费不会对原有消费者效用造成损失，但达到"拥挤点"后，增加消费会产生额外的社会成本。比如高速公路在拥堵时会增加通行时间，降低消费者效用，解决这一问题需要额外的社会成本支出。需要特别注意的是，一些属于俱乐部物品的公共基础设施在某些情况下会表现出私人物品的属性，即同时具有排他性和竞争性，如高速公路、公共交通、邮政和医疗救助，在拥挤的情况下，增加消费会降低效用或产生额外的社会成本。但不能因此认为这些物品属于私人物品，因为它们的公共物品属性才是其功能的核心内容。

（3）属于共同资源物品的设施。在城市公共基础设施中，一些物品本身具有共同资源物品属性，如环境清洁，虽然不需支付费用，但增加消费会导致清洁成本增加；另一些在非拥挤状况下可归于纯公共品的物品，在拥挤的状况下会表现出共同资源物品属性，如排水设施、非收费公路、园林绿化等。

2.2.3.2 公共品的外部性

外部性是指一个经济主体的经济行为有一部分利益不能归自己享受，或者有部分成本不必自行负担。当有自己不能享受到的利益发生时，那部分利益就成为外部经济或外部利益；当有自己不能承担的成本发生时，那部分成本则称为外部不经济或外部成本。外部经济与外部不经济统称为外部性。

公共品具有的非排他性和非竞争性特征决定了，公共品一旦被提供，即使不付费，也可享受公共品带来的好处，那么社会上必然存在着许多"搭便车"行为。即使有部分消费者愿意付费，但他们只会按照个人的边际收益支付费用，而不会按照整个社会所获得的好处来出价。这一状况的存在导致公共品的私人部门成本与社会成本以及私人部门收益与社会收益的不一致，其产生的收益由全社会共享，因而成本不能得到完全的补偿。虽然公共品表现出正的外部性，但仍然会带来经济的无效率。因为，得不到成本补偿会导致私人部门的生产活动低于社会需求水平。

此外，公共品的外部性还带来另一个问题，即公共物品的需求曲线（社会需求曲线）与个人需求曲线的关系不同于私人物品。私人物品的社会需求曲线可由个人需求曲线水平加总得到，而公共品的社会需求曲线则由个人需求曲线垂直加总得到，因为同一种供给量即可满足一个人的需求，也可满足其他人的需求。

2.2.3.3 公共品的生产和供给

公共品在生产和消费上的外部经济性导致其私人收益与社会收益的不一致，如果按照市场运行规则，将没有厂商愿意生产和提供公共品。特别是对于不需付费且社会边际成本为零的纯公共品，其市场提供数量为零。根据经济学理论，公共品属于市场失灵的范畴。因此需要政府的介入。但政府并不是万能的，随着社会经济活动的发展，人们的公共需求不断增多且日益复杂化，无论从经济实力还是管理能力来看，政府的边界都不可能无限扩大。况且，政府在某些领域的专营权也引起了新的市场问题，即垄断。这就要求公共品的生产和供给采取多元化的方式。随着市场和政府职能边界的变迁，公共品供给逐渐形成了三种有效的供给机制：政府供给机制、市场供给机制和志愿供给机制。

（1）政府供给机制。公共物品的存在目的是为了满足公众的公共需求，实现公共利益。并且，由于通过市场方式，即私人供给公共物品是低效率的。因此，一般认为，公共物品应由公共组织即政府提供甚至直接生产。从博弈论的角度考察，政府实际是各利益主体调节自身需求结构，以让渡部分私人权利和利益为代价，换取各利益主体间有限协调的产物，其目的是追求社会福利最大化，实现公共利益。在公共品政府供给理论的作用下，政府对生产领域的干预越来越多，因为社会活动的日益复杂化导致公共品生产消费与私人部门的利益越来越不可分。政府对生产领域的干预导致了政府与市场边界的混淆，政府管得过多，因而要求其规模不断扩大。当政府规模超越了最佳限度，就会产生规模不经济，同时带来财政赤字、行动迟缓、公共品供需失衡等"政府失灵"问题。市场经济对效率的追求客观要求新的公共品供给模式的产生。

（2）市场供给机制。公共品的市场供给，源自现实世界中的政府失灵。公共品市场供给的动力，来自营利组织和个人的经济人动机，本质是不同的市场主体以资源交易的方式来实现各自利益的最大化。通过市场机制供给公共物品，一方面与公共物品的性质有关，另一方面与消费需求有关。从公共品的性质与特征来看，由于一部分公共物品属于俱乐部物品和公共资源物品，在一定程度上具有排他性或竞争性，因而表现出私人物品属性。对于具有私人物品属性的公共品，其边际收益大于边际成本，经济理性驱动下的市场机制使其自愿生产和提供成为可能。公共物品市场供给的必要性还来源于消费者对公共物品的超额需求。由于政府只能提供基本的公共物品平台，以满足全体成员或大多数成员的基本公共需求，其目的是实现社会公平。而对于部分社会成员的额外公共需求，政府一方面无力提供，另一方面缺乏供给的动力，因此需要市场力量的介入。市场提供公共品需要具备一定条件：首先，市场供给的公共品应该是能够做到在技术上排他或具有一定竞争性的物品；其次，市场供给公共物品需要完善的制度保障，特别是产权制度。

在明确了市场供给公共品的可能性之后，需要厘清另一个问题，即市场与政府在公共品生产和供给中的边界问题。通常状况下，纯公共品应全部由政府提供，因为它们不可能为私人部门带来收益。但这不意味着政府在生产领域的必然垄断。由垄断造成的公共部门生产的低效率会使得某些公共物品不能有效提供，因而采取"市场 + 政府"的生产和提供模式会节约社会资源，提高公共福利。这种模式一般由私人企业进行公共品的生产或公共服务的提供，再由政府部门通过购买产品和服务的方式补偿成本，转而提供给社会公众消费。另外，对于准公共品而言，也不意味着应完全由市场提供。因为准公共物品不能像私人物品一样，具备完全的排他性和竞争性，因此也不可能为生产者带来同私人物品一样高的收益，从而导致私人部门供给动力不足。在此情况下，政府可通过补贴、税收优惠以及一些准入政策等方式给予私人部门相应激励，从而实现公共品的有效供给。综上所述，在公共品的生产和供给领域，市场与政府的界限并非是绝对的，如何在市场与政府间分配职能，是经济理性追求利益最大化和公共选择的博弈结果。

（3）志愿供给机制。志愿事业供给公共物品的动力来自于志愿事业组织中成员的公益人属性。尽管公共品的供给可以通过政府机制和市场机制以及二者的协同来实现，但政府失灵和市场失灵的存在，为另一种机制——志愿事业机制——的出现创造了可能。由于既定公共财政支出水平以及管理能力的限制，政府无法提供足够的公共品来满足全体社会成员的全部公共需求，而市场机制也不可能违背理性经济人原则去承担高额的公共品供给成本，另外，一些如环境污染、分配不公等社会问题，完全依靠政府和市场的作用也是无法有效调节的。此时，为更好地满足公共需求，实现公共利益，一部分社会成员就会建立一种"自治"组织。这种组织是以非盈利为目的，以非政府为形式的志愿事业组织，其成员具有"有限理性人"特征，即在追求个人利益的基础上，自愿地为公共利益服务。志愿事业组织通过对输入志愿的有效配置，即通过计划、协调、组织、领导和控制等管理手段和方法，向社会输出公共物品或公共服务，从而实现社会公共福利最大化目标。

对于本书所研究的城市公共基础设施，绝大部分是由市场和政府共同生产和提供的，并且主要是通过私人部门生产、政府购买产品和服务的形式实现的。极少数城市公共基础设施，如防减灾设施中的部分救助设施和服务是由志愿组织供给的。除志愿供给模式外，无论是政府通过购买直接供给，还是政府激励市场供给，都需要政府作出公共选择或公共决策。在这种供给模式下，城市公共基础设施部门的生产经营目标表现为一种公共目标，即追求公众利益最大化，其产出也在本部门之外的更广泛的社会领域体现出来。因此，在公共决策中，城市公共基础设施部门的宏观效益而不是部门利益成为决策的依据。

2.2.4 城市公共基础设施效益的发挥机制

2.2.4.1 城市公共基础设施效益作用机制

从社会生产的角度来看，城市公共基础设施部门通过投入资金、劳动等生产要素进行生产和经营，向全社会提供公共物品和公共服务。从生产过程的一般属性来看，与其他社会生产部门是一样的。与其他社会生产部门不同的是，公共基础设施部门的生产经营成果除了实现经济效益，还实现了社会效益和环境效益，并且，其社会效益和环境效益超越经济效益而成为公共基础设施部门的最重要的生产目标。

在上文的论述中，我们详细论述了城市公共基础设施效益的构成，即经济效益、社会效益和环境效益，其产生一方面源于公共物品的特殊属性，另一方面则是由于城市公共基础设施效益发挥的不同作用途径造成的。一般而言，城市公共基础设施经济效益是通过投资乘数作用和溢出效应而促进了国民经济的增长；社会效益是通过收入效应、就业效应、减贫效应和潜在效应而促进整个社会福利水平提高；环境效益是通过对环境的优化或控制损害而实现对生态环境的改善作用。为了更加清晰地描述城市公共基础设施作用发挥机制，我们构建了城市公共基础设施效益作用机制模型。如图 2-3 所示。

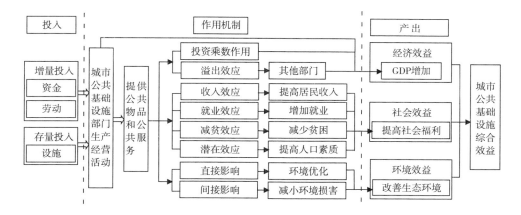

图 2-3 城市公共基础设施效益作用机制图

图 2-3 以投入产出分析为基础进行了扩展，详细描述了城市公共基础设施效益的作用机制，可以看做扩展的城市公共基础设施投入产出关系图。图 2-3 反映了城市公共基础设施部门从要素投入到生产经营再到产生效益的整个过程，由图可知，城市公共基础设施效益的发挥是通过多种途径实现的。其中涉及多个要素以及不同的作用方式。

2.2.4.2 城市公共基础设施系统投入产出要素的确定

城市公共基础设施效益的发挥是城市公共基础设施系统与社会经济系统相互作用的结果，对城市公共基础设施效益进行系统研究，就必须从系统的角度对城市公共基础设施进行投入产出的分析。

（1）城市公共基础设施系统的投入要素

城市公共基础设施的生产经营活动由两个层面组成，一是城市公共基础设施的建设，这是城市公共基础设施发挥效益的物质基础；二是城市公共基础设施的运营管理，这是城市公共基础设施效益发挥程度的决定因素。从历史的角度考察，城市公共基础设施的建设和运营管理是一个系统运行过程，城市公共基础设施在建设期投入的劳动和资本，以存量设施的形态参与到城市公共基础设施运营管理过程中。从这个角度看，城市公共基础设施系统的投入只包含最基本的生产要素，即劳动和资本。但是，由于公共基础设施项目大多建设周期较长，少则几年，多则十几年甚至几十年，而我们研究中的考察周期受到统计数据和其他各种因素的限制，可能无法涵盖基础设施的整个建设周期。在一个较短的时间段内，当期劳动和资本的投入不能完全替代前期劳动和资本的投入成果。针对这类问题，计量经济学常引入滞后期来进行解决，即将劳动和资本的若干滞后期数据引入模型求解。但是，公共基础设施的建设周期存在很大的不确定性，不同的基础设施建设周期不同，即使同样的基础设施由于各种原因建设周期也不尽相同，这可能给滞后期的选择带来困难。因此，在考察城市公共基础设施的投入要素时，一方面考虑当期劳动和资本的投入，用来反映增量投入情况，另一方面用考察期的设施存量来代替滞后期因素，既能反映前期投入成果，也避免了滞后期的不确定，从而能够更加准确和合理地反映城市公共基础设施投入状况。

劳动。劳动是城市公共基础设施部门在生产经营过程中投入的最基本的生产要素。对劳动的衡量有若干种方法，如劳动时间、劳动效率等，既有量的规定也有质的规定。本书考察了城市公共基础设施的全部六个系统，其运营过程中所使用的劳动在质上看是千差万别的，在考察整个城市公共基础设施的系统特性时没有必要分别描述，因此，这里只选取能够反映系统共性的要素指标，即劳动量的投入，用城市公共基础设施系统的从业人员数来表征。

资本。固定资产投资是城市公共基础设施建设的资金来源，有增量和存量之分，存量投资会反映在当期的固定资产当中，增量投资会反映在后期的固定资产当中。本书在对城市公共基础设施系统投入的考察中，严格区分了增量投入和存量投入，因为他们对于城市公共基础设施效益的产生发挥着不同的作用。增量投入是发挥经济效益的基础，不仅产生本部门的经济收入，同时通过投资乘数效应和潜在效应带来其他部门的收入，二者都是 GDP 的组成部分。而存量投入是发挥社会效益和环境效益的基础，通过提供公共设施和公共服务提高整个社会的福利水平和改善生态环境。因此，在投入要素中，对资本的考察只限于当期的增量资本投入情况，对存量资本的考察会在设施存量中反映。

基础设施存量。基础设施（有形设施和设备）是城市公共基础设施部门发挥效益的载体,是城市公共基础设施部门最基本的生产要素。在其他社会生产部门的生产经营过程中,可以只考察劳动和资本的作用,因为劳动和资本存量会以固定资产折旧的形式反映在新的生产过程中。但是在公共基础设施部门,劳动和资本存量所形成的设施设备很少会以折旧的形式反映出来,例如,高速公路运营管理部门不会针对高速公路每年计提折旧,因为按照法律规定,高速公路属于国家所有,管理部门不能将其作为"固定资产"进行核算。这种情况的存在导致了公共基础设施部门的前期投入不能通过当期的投入进行反映,因此,在考察城市公共基础设施部门的投入时有必要对存量投入进行单独描述。本书将考察期的城市公共基础设施存量作为一种投入要素,既能全面反映城市公共基础设施的投入状况,也能表现城市公共机础设施效益的不同作用途径。

(2)城市公共基础设施产出要素

城市公共基础设施部门投入劳动、资本和设施设备进行生产经营活动,其经营成果一方面表现为本部门的经济产出,这部分同其他社会生产部门的经济产出一同计入社会总产出;另一方面,基础设施部门提供生产条件而带来其他社会生产部门经济产出的增加,这部分也要计入社会总产出,并且是难以识别和分离的。同时,城市公共基础设施对社会福利的影响和对生态环境的改善也是全社会共同享有的成果。由于城市公共基础设施的公共品属性,包括消费的非竞争性和非排他性特征,所有社会成员和社会生产部门都可以通过对公共基础设施的消费来实现自身经济产出的增加和福利水平的提高,从而使公共基础设施部门的生产经营成果具有广泛性、普遍性和社会性特征,不能够仅仅依靠本部门的产出指标来反映。因此,对城市公共基础设施产出的考察是基于一个宏观的视角进行的,需要探讨整个社会因为公共基础设施部门的生产经营活动而产生的产出增加、福利提高和环境改善效果。鉴于此,本书对城市公共基础设施产出的考察涉及三个要素,即全社会的经济产出、社会福利水平和生态环境状况,这是构成城市公共基础设施经济效益、社会效益和生态效益的重要因素。

社会总产出。社会总产出是用来描述一个国家(地区)在一定时间内(通常是一年)全部社会生产活动所产生的成果的指标。在国民经济核算中,一般以价值的形式体现，是各社会生产部门所创造的经济价值（以收入的形式表现）的总和。城市公共基础设施部门所创造的经济价值虽然是社会经济总量的重要组成部分，但所占比例相当小，以 2014 年为例，基础设施相关行业（电力、热力、燃气及水生产和供应业，交通运输、仓储和邮政业，水利、环境和公共设施管理业）当年产生的增加值为 46792.6 亿元[①]，仅相当于当年 GDP（643974.0 亿元）总量的 7.3%，而根据国内外相关研究的测算，基础设施的产出弹性约在 0.3 ~ 0.4 左右（Aschauer，1989；Munnell，1990）甚至更高（范九利等，2004）[②]。这说明，仅用城市公共基础设施部门所创造的经济价值来代替其宏观经济效益显然是不合理的。但是，想精确地从社会总产出中分离出公共基础设施所做的贡献也不是件容易的事，因为目前学界对于这个比例还没有达成一个各方都认可的共识。因此，本书选择用社会总产出来表示城市公共基础设施的经济效益，一方面是因为他们之间有明确的相关性；另一方面，考虑到本书的实证研究是一种相对评价方法，按照同一比例对各决策单元的某项指标进行处理对评价结果并不会产生实质的影响。对社会总产出的描述，除了统计中常用的国内生产总值（GDP），还包括消费、投资、财政收支等多项经济指标。

社会福利水平。社会福利是指国家依法为所有公民普遍提供的，旨在保证一定生活水平和尽可能提高生活质量的资金和服务的社会保障制度。社会福利是为所有公民提供的，因而具有普遍性。国家对社会福利的提供是通过再分配来实现的，而公共基础设施就是实现再分配的重要手段。在社会生产和再生产过程中，按要素实现初次分配后，政府通过财政收支的形式进行再分配，目的是实现社会公平和公共利益目标。具体而言，政府通过税收、社会缴款等形式取得财政收入，然后以转移支付的方式用于公共品的提供和扶贫、救济等其他社会保障事业。公共基础设施在提高社会福利水平中的作用不仅在于平衡了社会不同群体间的利益分配，更重要的是，同等数量的财富为低收入群体提供的效用要显著高于高收入群体，从而通过利益的微小调整而实现了社会公平的目标。对一个国家（地区）社会福利水平的描述常常使用收入水

---

① 数据来源：《中国统计年鉴 –2016》

② 范九利，白暴力，潘泉．我国基础设施资本对经济增长的影响：用生产函数法估计 [J]．人文杂志，2004，(4)：68–74.

平、就业（失业）率、贫困发生率等指标。而随着社会经济的发展和人们财富水平的提高，社会福利的标准在不断提高，在满足公众物质需求的同时能够兼顾一些思想文化功能，从而在提高社会公众生活水平的同时也提高了人口素质。因此，在现代社会，人口素质作为一项"软指标"开始成为社会福利水平的重要体现。

生态环境。社会经济活动与生态环境之间的相互关系，既有对立也有统一。随着科学发展观和可持续发展理念的提出，实现社会经济与生态环境的和谐发展已经成为人类发展的最重要目标。尽管人类活动与生态环境之间的作用是相互的，但是作用效果和程度存在明显差异。生态环境对于人类活动的影响更多地表现为有利影响，即为人类生存和发展提供物质条件，包括空间、能源等；生态环境对人类活动的不利影响常表现为自然灾害，影响的范围比较集中，且破坏程度较大，但持续时间一般较短。人类活动对于生态环境的影响则更多地表现为不利影响，即环境污染，特点是影响的范围由小及大，破坏程度逐渐加强，且持续时间较长；而人类活动对于生态环境的有利影响主要是通过公共基础设施实现的，这是源于生态环境的公共品属性，即所有人都可以消费但不必支付费用，这就导致对生态环境的维护需要公共管理行为的介入。实践证明，公共基础设施，特别是生态环境类基础设施的建设和运营，其主要目的就是实现对环境的维护和改善，这是迄今为止，人类正向作用于生态环境的唯一手段。因为，无论是水土保持、园林绿化还是节能减排，都需要有公共基础设施的保障。从这个角度考虑，环境效益是衡量公共基础设施运营成果的一项重要指标，其实现程度不仅关系到对公共基础设施部门的评价，也是对社会可持续发展状况的衡量。用于描述生态环境状况的指标有很多，目前在我国的环境公报中常使用空气质量、水质等指标。

2.2.4.3　城市公共基础设施效益的提升机制——公共品运营与管理

由于城市公共基础设施的公共物品属性，其运营管理属于公共管理范畴。当然，在具体的操作中，可以由政府部门执行，或由政府部门和私人部门合作执行，或由政府授权私人部门单独执行。无论采取何种形式，采用科学的公共管理理论和工具，都能够有效地提高城市公共基础设施的运营效率，保证其效益的发挥。在这方面，控制论和标杆管理理论的相关思想提供了可资借鉴的依据。

（1）控制论

控制论是 20 世纪 50 年代发展起来的一门新兴学科。创始人维纳将控制论定义为"关于机器和动物中的控制和通讯的理论。"著名物理学家钱学森进一步将控制论的主要问题概括为"一个系统的不同部分之间相互作用的定性性质，以及由此决定的整个系统总体的运动状态"。一般而言，控制是研究技术设备，生命机体以及人体组织中的控制过程和控制系统的一般规律的科学。可见，控制论研究的核心问题是系统中的控制特征及控制规律。控制论渗透到其他学科领域与其他学科相结合，为社会实践活动中实施主动控制提供了有效的工具。控制论的一些基本概念是理解控制论的基础和主要途径。

① 控制

所谓控制，就是一个有组织的系统，根据内部外部的各种条件变化而进行调整，不断克服系统的不确定性，使系统保持或达到某种特定的状态的一种作用。作为一个系统总是存在一些不确定性使系统不能稳定地保持或达到所需要的状态，而为了使系统保持或达到所需要的状态，就必须对系统施加一定的作用，同系统的不确定性进行"斗争"。可见，控制是具有某种目的性的行为，其作用就在于使事物之间、系统之间、部门之间以及系统内部要素之间，系统与外部环境之间的相互作用，相互制约更加稳定，克服随机因素，使系统达到预期的目的。控制通常是一个动态过程，即一个有组织的系统根据系统内部和外部条件的变化而进行自动调节，以克服系统的某种不确定性，使系统稳定保持或达到某种目标行为，或者使系统按照某种规律运动变化。控制的实现必须具备以下三个条件：第一，被控制的对象必须存在多种发展变化的可能性。第二，目标状态在各种可能性中是可选择的。第三，具备一定的控制能力。

对城市公共基础设施系统实施主动控制是为了使该系统持续、充分发挥各种效益，同时，这种主动控制的实施也是可能的。一方面，城市公共基础设施的运营成果存在多种可能性和多种变化趋势，选择最有利于公众的变化趋势是可能的；另一方面，政府作为公共事业的决策主体以及公共基础设施部门作为经营主体，有能力通过调整决策和经营管理方式来实现对公共基础设施的主动控制。

② 反馈

反馈就是指一个系统中输出去的信息作用于受控对象后，所产生的结果再返回来输送到开始端，对再输出的信息发生影响，以便矫正原来的信息的误差，从而实现控制目的达到最佳控制效果。反馈的过程如图 2-4 所示。

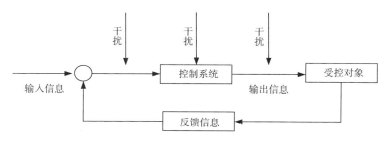

图 2-4　反馈过程图

反馈分正反馈与负反馈两种。在一定条件下，经过反馈能使系统的输出值（给定信息）趋近于目标值，这种反馈叫作负反馈。如果经过反馈使系统的输出值偏离目际值，这种反馈叫作正反馈。两种反馈对系统控制起到两种相反的作用：负反馈能使系统趋于稳定，接近目标；正反馈能使系统加速偏离目标，加速系统的瓦解。可见反馈是系统调节控制的基本形式，它普遍存在于控制系统之中。负反馈和正反馈是可以相互转化的。负反馈因为反馈信息的失真和反馈调节速度太慢而转化为正反馈，正反馈也可经过适当的调节而转化为负反馈。城市公共基础设施系统内部及其与社会经济系统间的相互作用就是通过若干反馈过程实现的。决策部门正是根据相关反馈信息来决定下一步的公共基础设施调节目标及调节措施。

③ 输入与输出

任何的现实系统都与环境之间发生相互作用和相互影响。绝对封闭的系统是不存在的。系统与环境的相互作用和相互影响是采取输入和输出的方式来进行的。环境对系统的作用和影响称为系统的输入，而系统对环境的作用和影响称为系统的输出。一般地说，输入和输出就是指物质、能量和信息的输入和输出。在解决控制问题时，系统的输入被分为两大类型，即可控输入和不可控输入。可控输入所包括的量，在系统进行控制时是可以调节的，并可以改变，以实现控制的目的。在控制论中，可控输入简称输入，不可控输入则称为干扰。无论是输入还是干扰，都会对系统的控制和输出产生影响，只是影响的结果不同。干扰常常使系统产生偏离目标的运动，使控制结果与控制目标产生误差（目标差）。而可控输入的作用是两方面的，一方面是使系统产生预定的输出；另一方面是使系统克服干扰带来的偏差。排除不符合控制目的的输出。干扰有可能来自系统的外部环境，也可能来自系统的内部本身。

输入与输出也是相对的，表现在同一系统层次之间和不同层次系统之间的相互作用之中。此系统的输入，同时又可看作彼系统的输出，上一层次系统的输出同时又是下一层次系统的输入。但就一个简单非复合系统而言，输入与输出的概念是固定的。输入的变化引起输出的变化，输出是输入的结果，输入是原因。没有输入就没有输出。但输出也不是纯粹被动的，它反回来作用于输入产生影响，这就是反馈。

城市公共基础设施系统与社会经济系统相互作用、相互影响，从社会经济系统中接受物质、能量、信息的输入，如城市公共基础设施部门生产经营活动过程中的投入要素（劳动、资本和其他物质设备）都来源于社会经济系统。通过城市公共基础设施系统的生产经营活动，各种投入要素被转化为经济、社会、环境等不同表现形式的产出，作为城市公共基础设施系统的输出又反过来被呈现在社会经济系统中。城市公共基础设施部门要素投入的变化会引起产出的变化，决策和管理部门根据产出的状态与目标状态的比较来制定新的投入计划，从而形成了一个反馈过程。

④ 最优控制

最优控制是系统的多种控制方式中的一种。一个系统所要达到的目标，必须通过控制过程才能实现。最优控制，就是要求达到理想的目标状态的时间最短，耗用能量最小，衡量动态误差的某一数量指标最小，这样的控制过程就是最优控制。实现最优控制的系纯具有几个或多个可测参数（多个要素），是一种多级连续动态系统。这些可测参数可以用来去修改反馈控制信号，使控制信号及使系统的性能在满足所有的约束条件下达到极大值（或极小值）。由于资源的稀缺性，人们总是希望以最小的投入获得最大的产出，公共基础设施部门也不例外，无论是从生产的本质目的还是公众的利益目标来考虑，通过调整公共基础设施系统的某些投入变量以实现公共利益最大化目标都是符合社会发展目标的。

⑤ 系统协调原理

控制本身就是一个系统，不是一个系统也就谈不上控制。因此控制论与系统论是密切联系在一起的。系统协调原理是从控制论角度讲系统与控制的关系，即任何一项控制必须在系统的各方面都协调的情况下，在正常运转的情况下，才能实现。否则，系统有任何一个方面、一个要素不协调、不正常就无法进行控制。这一原理有以下几个要点：第一，任何一个控制过程，必须是一个系统，不是系统就无法进行控制。系统是控制的前提和客观基础，任何控制过程都是在系统中进行的。所以，控制过程首先是一个系统，无系统也就无控制。系统协调原理对控制论是很重要的。第二，控制论中所讲的系统有它自己的规定性，就是指在错综复杂、相互联系的事物当中，把作为研究对象的这部分系统相对地孤立出来，作为控制系统去研究，暂时孤立出来的这部分系统，不与那些复杂条件相联系，因而可以集中精力研究这个系统中的控制机制和规律，从而避免陷入复杂的环境之中。第三，研究控制系统，要把系统与外界的联系分析清楚。作为一个系统，特别是控制系统，它与外界的联系，就是这个控制系统的输入与输出。

系统各要素之间、要素与系统之间、系统与环境之间必须是相互协调，渠道畅通，运行正常，反应灵敏，才能有效地实现控制，达到控制目标。因此，对于城市公共基础设施系统而言，要对其进行控制使之达到最佳效益目标，不仅要保证基础设施系统与社会经济系统的协调发展，同时也要保证基础设施系统内部各子系统、各要素之间的协调发展。

（2）标杆管理理论

标杆管理是企业管理中最常用的管理方法。随着管理学学科的发展和理论的深化，标杆管理开始被广泛应用于公共管理领域。

① 标杆管理的定义

美国生产力与质量管理中心将标杆管理定义为"一个系统的、持续性的评估过程，通过不断地将自身企业流程与世界上居领先地位的企业的流程相比较，以获得帮助企业改善经营绩效的信息"。IBM 公司的标杆管理中心给出的定义：标杆管理是一个不断进行的、系统地寻找和实施能进一步提高绩效的最佳实践过程，其目的是通过流程改进，建立和验证达到世界级领先水平的流程目标。中国标杆管理网的陈汉冰博士给出的定义：标杆管理是通过不断模仿最佳实践和不断创新来达到或超越标杆水平的方法和途径。"杆"是参照物，"标"是达到或超越参照物的标准，"标杆"是一个值得模仿的榜样，可以是工作方法、模式、流程，或是某一个具体标准。

标杆管理有三个要素，即标杆、标杆项目和标杆学习者。标杆就是榜样，是组织学习的对象，是愿意与标杆学习者进行信息和资料交换，并开展合作的内外部组织、单位或个人。标杆项目是标杆管理的对象（或内容），即通过标杆管理向他人学习借鉴以谋求提高的领域。标杆学习者是标杆管理实施者，发起和实施标杆管理的组织、单位或个人。

② 标杆管理的原理

标杆管理的核心理念可以概括为一个中心、两个基本点：持续改进理念是其中心，系统优化整合和项目化运行是两个基本点。对企业的标杆管理事业来说，针对企业绩效进行持续改进是标杆管理的使命，系统优化整合确保了标杆管理持续改进的成功，项目化运行则保证了每一个标杆项目都能取得成功。但是，在资源有限的情况下，要保证持续的绩效改善，就必须选择系统优化整合的途径。

③ 标杆管理的步骤

具体来讲，一个完整的内外部综合标杆管理的程序通常分五步：

第一步：计划。包括组建项目小组，担当发起和管理整个标杆管理流程的责任；明确标杆管理的目标；通过对组织的衡量评估，确定标杆项目；选择标杆伙伴；调研和数据收集；评价与比较，找到差距。

第二步，内部数据收集与分析。收集并分析内部公开发表的信息；遴选内部标杆管理合作伙伴；通过内部访问和调查，收集内部一手研究资料；通过内部标杆管理，可以为进一步实施外部标杆管理提供资料和基础。

第三步，外部数据收集与分析。包括收集外部公开发表的信息；通过调查和实地访问收集外部一手研究资料；分析收集有关最佳实践的数据，与自身绩效计量相比较，提出最终标杆管理报告。在这一过程中将会生成标杆管理报告。标杆管理报告揭示标杆管理过程的关键收获，以及对最佳实践调整、转换、创新的见解和建议。

第四步，实施与调整。这一步是前几步的归宿和目标之所在。根据标杆管理报告，确认正确的纠正性行动方案，制定详细实施计划，在组织内部实施最佳实践，并不断对实施结果进行监控和评估，及时作出调整，以最终达到增强企业竞争优势的目的。

第五步，持续改进。标杆管理是持续的管理过程，不是一次性行为，因此，为便于以后继续实施标杆管理，企业应维护好标杆管理数据库，制定和实施持续的绩效改进计划，以不断学习和提高。

④ 标杆管理的基本要求

由于标杆管理是一个涉及很多方面的过程，因此实施中往往出现一些偏差。比如人们往往将注意力只集中于数据方面，而标杆管理的真正价值应该是弄明白产生优秀绩效的过程，并在该企业（产业或国家）实施，不应该只注重某几个财务数据本身；再比如由于方案设计或者其他原因，在标杆管理实施的过程中受到成员的抵触，从而增加了实施的成本，降低了活动的收益，等等。研究表明，成功的标杆管理活动应具备以下基本要求：高层管理人员的兴趣与支持；对企业（产业或国家）运作和改进要求的充分了解；接受新观念改变陈旧思维方式的坦诚态度；愿意与合作者分享信息；致力于持续的标杆管理；有能力把企业（产业或国家）运作与战略目标紧密结合起来；（企业）能将财务和非财务信息集成供管理层和员工使用的信息；（企业）有致力于与顾客要求相关的核心职能改善的能力；追求高附加价值；避免讨论定价或竞争性敏感成本等方面的内容；不要向竞争者索要敏感数据；未经许可，不要分享所有者信息；选择一个无关的第三者在不公开企业名称的情况下来集成和提供竞争性数据；不要基于标杆数据向外界贬低竞争者的商务活动。

在运用标杆管理理论解决公共基础设施运营管理问题时，要注意方法的适用性。并不是将所有标杆管理的理论和方法步骤都简单地嵌入公共基础设施运营管理过程中，因为企业管理与公共管理既存在相似性又存在差异性。首先，公共管理的实施者是政府部门而非私人部门，因此，在实施标杆管理的过程中，政府就相应地成为标杆学习者。政府部门与私人部门作为经济主体的最大区别在于，政府部门以公共利益最大化为目标。其次，在公共基础设施运营管理过程中实施标杆管理，标杆管理的对象不是一般企业项目的概念，而是一种公共项目，具有公共物品的特殊属性，对其施加的干预会影响整个社会经济运行和所有社会成员的利益，从而其操作需要通过公共决策过程来实现。最后，在公共基础设施运营管理过程中实施标杆管理，选择的标杆与企业管理不同。从一国的范围考察，对公共基础设施的标杆管理是一种内部标杆管理，即选择内部绩效最优的单元作为其他单元的改进目标。在这一过程中，标杆管理的总目标并非是使某个单元在竞争中占优，而是要实现整个社会总体绩效的改善。

2.3　城市公共基础设施效益评价

对城市公共基础设施效益进行研究，需要用实证研究和规范研究相结合的方法，不仅要对城市公共基础设施系统的运行状况进行描述，同时要对运行状况进行评价，以便寻求改进的依据和路径。实证经济学是排除了社会评价的理论经济学，它研究经济体系的运行，说明经济体系是怎样运行的以及为什么这样运行。规范经济学的任务是对经济体系的运行做出社会评价。回答好还是不好的问题。本书对城市公共基础设施效益进行包括经济效益、社会效益、环境效益在内的三维度评价，在实证分析的基础上进一步做出优劣判断，回答好还是不好的问题，从而将实证研究和规范研究有机结合，克服了单纯实证研究的缺陷，更加符合评价问题的要求。

2.3.1　城市公共基础设施效益评价方法的选择

2.3.1.1　评价原则

在对城市公共基础设施效益评价方法进行选择之前，必须首先明确城市公共基础设施效益评价的原则。

（1）一般性与特殊性相结合的原则。城市公共基础设施系统与其他社会经济系统既有联系又有区别，作为社会经济系统若干子系统之一，它具备一般社会经济系统的基本属性，同时，作为整个社会经济系统的基础和条件，他又具备作为一种公共物品的特殊属性。因此，对城市公共基础设施效益的评价要兼顾其一般性与特殊性。

（2）系统性原则。城市公共基础设施本身是一个复杂系统，由能源动力系统、水资源和供排水系统、交通运输系统、邮电通信系统、生态环境系统和防减灾系统六个子系统组成。六个子系统相互作用，协同发展，使城市公共基础设施系统发挥效益。六个子系统在城市公共基础设施效益的发挥过程中所起的作用是不同的，作用机制也存在差异。因此，在对城市公共基础设施效益进行评价时，必须从系统的角度出发，考察在系统协同作用条件下城市公共基础设施效益的发挥。

（3）全面性原则。鉴于城市公共基础设施同时具备一般社会经济系统的基本属性和公共品的特殊属性，在生产经营的过程中，城市公共基础设施部门和其他社会生产部门一样要追求部门利益的最大化，即实现经济效益目标；同时要体现作为公共物品的公益属性，追求公共利益最大化，即实现社会效益和环境效益目标。因此，对城市公共基础设施效益的评价必须体现私人目标和公共目标统一的原则，评价内容尽可能全面地涵盖经济效益、社会效益和环境效益三个方面，这是城市公共基础设施作为公共物品的特殊性所决定的。

（4）评价结果的适用性原则。对城市公共基础设施效益进行评价，一方面是考察基础设施部门的运营成果，更重要的是对整个社会系统中基础设施系统的运行效率进行分析。通过评价结果来了解城市公共基础设施效益的发挥状况，并分析产生效益差异的可能原因。目的是为城市公共基础设施效益的改善提供依据。因此，对城市公共基础设施效益的评价必须是以实际应用为导向的，评价内容的设计、评价指标体系的建立、评价方法的选择都必须考虑到是否有利于结果的分析和有效利用。

（5）可操作性原则。城市公共基础设施效益涵盖内容广泛、作用机制复杂，进行评价时既要考虑到如何更加准确地反映城市公共基础设施的不同效益内容和作用机理，同时又要考虑到评价的可实施性原则。尽量用简单有效的原理和方法对城市公共基础设施效益及其作用机制进行抽象概括，并选择适合的模型进行求解和分析。

2.3.1.2　城市公共基础设施效益评价方法选择

选用系统评价方法应该根据具体问题而定，从目前国内外学界对城市公共基础设施效益问题的研究来看，所采用的评价方法很多，包括弹性系数分析法、模糊综合评价法、灰色关联分析法等，但是这些方法主要被应用于某个基础设施领域或某个特定基础设施项目的评价分析。在解决单个项目的评价问题中，以上方法具有一定的优越性。但是，本书对城市公共基础设施效益的评价是一个涉及整个基础设施系统，涵盖经济效益、社会效益、环境效益三项内容的全面、系统性研究。评价对象的特殊性、评价内容的广泛性和评价指标体系的复杂性，要求评价方法的选择必须能够同时满足评价问题的各方面要求。具体来讲，城市公共基础设施效益评价方法的选择必须满足以下要求：

（1）综合评价。

由于系统的类型和内容不同，系统测度也就不一样，因而评价方法也就不同。目前，国内外使用的评价方法很多，根据评价指标的不同，可分为单指标评价方法和多指标综合评价方法。从国内外评价问题研究的趋势来看，大多数研究采用了多指标综合评价方法，这主要是源于经济管理问题的复杂性。本书研究的城市公共基础设施效益问题是一个复杂经济管理问题。对城市公共基础设施经济效益、社会效益和环境效益进行全面评价，所使用的指标体系必然是一个包含多个系统要素、多个层次、多个领域的综合评价指标体系，因此必须选择一种综合的评价方法，从而合理反映各指标的作用程度，以便使评价结果更加科学。

目前，在评价问题的研究中，所用的综合评价方法很多，大体上可以分为四类：一类是基于专家经验的评价方法，属于一种主观评价方法，包括专家打分法、德尔菲法等；第二类是基于运筹学与其他数学方法的评价方法，包括层次分析法、数据包络分析法、模糊评价法等；第三类是基于决策和智能的综合评价方法，如人工神经网络评价法、灰色综合评价法等；第四类是混合评价方法，即将多种评价方法混合使用。

（2）定量分析与定性分析相结合。

对城市公共基础设施效益的考察，要从理论上阐述其效益的产生、作用和调节原理，同时也要从客观的角度，对其现实状况、发展趋势等进行描述和分析。为使这种描述和分析能够真实地反映现实状况，需要采用定量分析方法。同时定量分析方法不仅能够对现实状况进行描述，也提供了趋势预测的功能。从而能够为主动控制策略的选择提供依据。

（3）体现评价原则和适用性。

尽管在评价问题中，可以选用的方法很多。但是本书研究的是效益评价问题，并非所有方法都能够适用。方法的选择直接决定于评价指标体系的构建，而评价指标体系的构建是以理论分析为基础的。本书对城市公共基础设施效益的评价，不仅要明确城市公共基础设施效益内容，而且需要明确城市公共基础设施效益的发挥机制，以便为实施主动控制提供可操作的依据。本书从投入产出的角度对城市公共基础设施效益的发挥进行了理论分析，根据投入产出原理，以最小投入获得最大产出是衡量经济效率的重要指标，因此，对于城市公共基础设施效益的评价要能够反映投入与产出之间的对比关系。同时，城市公共基础设施系统是一个复杂系统，其效益的发挥涉及多个要素，决定了其评价指标体系包含多个投入产出指标，各指标之间相互关联、相互作用。数据包络分析适用于具有多输入和多输出的复杂系统的效率评价问题，它通过计算各评价单元的投入产出比来进行相对优劣评价，且不必考虑各输入输出指标间的复杂关系。因此，本书选择数据包络分析方法对城市公共基础设施效益进行定量研究。

2.3.2 数据包络分析（DEA）及其基本模型

2.3.2.1 数据包括分析方法及其特征

数据包络分析（Data Envelopment Analysis，简称 DEA）是美国运筹学家 A.Charnes 和 W.W.Cooper 等人以相对效率概念为基础发展起来的一种效率评价方法。自 1978 年第一个 DEA 模型——CCR 模型建立以来，DEA 的模型和方法不断得到修正和完善，相继出现了基于不同生产可能集假定的 DEA 模型[82-85]、多层次 DEA 模型[86-89]、基于变量类型的 DEA 模型[90-98]、不同偏好的 DEA 模型[99-104]、区间 DEA 模型[105-107]、模糊数 DEA 模型[108-110] 等，已经成为现代管理中一种重要和有效的分析工具。

DEA 分析方法利用数学规划模型计算具有相同投入和产出的若干个决策单元（Decision Making Unit，简称 DMU）各自的综合效率数量指标，从而对其做出相对效率评价，确定有效的（相对效率最高的）DMU，并指出其他 DMU 非有效的原因和程度。

在处理复杂的经济管理问题，特别是具有多输入和多输出的复杂系统的效率评价问题时，DEA 是一种有效的分析方法。（1）DEA 方法通过数据和数学模型进行计算，具有客观性，同时避免了对复杂系统各指标进行赋权的困难；（2）对于具有多指标的复杂系统，各指标的度量标准不同，难于比较，使用 DEA 方法则不必考虑各指标量纲，便于处理；（3）使用 DEA 方法不必事先确定多个输入输出指标间的相互关系，既避免了主观因素的干扰，又使问题得到简化；（4）DEA 方法具有明确的经济意义，便于使用者进行经济分析，并为主管部门提供决策依据。

2.3.2.2 DEA方法的基本模型

对于具有相同投入和产出的 n 个同类评价单元 $DMU_j(j=1,2,\cdots,n)$ ，包含 m 个投入（输入）指标的投入（输入）向量 $X_j=(x_{1j},x_{2j},\cdots,x_{mj})^T$ ，包含 s 个产出（输出）指标的产出（输出）向量 $Y_j=(y_{1j},y_{2j},\cdots,y_{sj})^T$ 。由 n 个决策单元及其投入（输入）产出（输出）指标决定的投入－产出（输入－输出）矩阵为：

$$
\begin{array}{c}
\quad DMU_1 \ \ DMU_2 \ \cdots\cdots \ \ DMU_n \\
\begin{array}{cc}
v_1 & 1 \to \\
v_2 & 2 \to \\
\cdots & \cdots \\
v_m & m \to
\end{array}
\begin{pmatrix}
x_{11} & x_{12} & \cdots\cdots & x_{1n} \\
x_{21} & x_{22} & \cdots\cdots & x_{2n} \\
\cdots & \cdots & \cdots\cdots & \cdots \\
x_{m1} & x_{m2} & \cdots\cdots & x_{mn}
\end{pmatrix}
\end{array}
$$

$$
\begin{pmatrix}
y_{11} & y_{12} & \cdots\cdots & y_{1n} \\
y_{21} & y_{22} & \cdots\cdots & y_{12n} \\
\cdots & \cdots & \cdots\cdots & \cdots \\
y_{m1} & y_{m2} & \cdots\cdots & y_{mn}
\end{pmatrix}
\begin{array}{l}
\to 1 \ u_1 \\
\to 2 \ u_2 \\
\cdots \ \cdots \\
\to m \ u_m
\end{array}
$$

每个决策单元的效率评价指数可表示为 $h_j=\dfrac{u^T y_j}{v^T x_j}$ ， $j=1,2,\cdots,n$

对第 j_0 个决策单元进行效率评价，可建立如式（2-1）的分式规划模型：

$$
\max \quad h_0=V\overline{p}=\frac{u^T y_0}{v^T x_0} \tag{2-1}
$$

$$
s.t. \quad
\begin{cases}
h_j=\dfrac{u^T y_j}{v^T x_j} \le 1 \ \ (j=1,2,\cdots,n) \\
v \ge 0, u \ge 0
\end{cases}
$$

其中，u 和 v 为模型中的待求解变量。

令 $t=\dfrac{1}{v^T x_i}$ ， $\omega=tv$ ， $\mu=tu$ ，利用 Charnes–Cooper 变化将（2-1）式转化为等价的线性规划模型 P ，如式（2-2）：

$$\max \quad Vp_1 = \mu^T y_0$$

$$s.t. \begin{cases} \omega^T x_j - \mu^T y_j \geq 0 \quad j = 1, 2, \cdots, n \\ \omega^T x_0 = 1 \\ \omega \geq 0, \mu \geq 0 \end{cases} \quad (2-2)$$

其中，$\omega^T = (\omega_1, \omega_2, \cdots, \omega_m)$ 和 $\mu^T = (\mu_1, \mu_2, \cdots, \mu_s)$ 是模型中的待求解变量。

P 模型下 DEA 有效的判定：

①弱 DEA 有效：若模型 P 的最优解 ω_0 及 μ_0 满足条件：$Vp_1 = \mu_0^T y_0 = 1$，则称 DMU_{j0} 为弱 DEA 有效。

②DEA 有效：若模型 P 存在某一最优解 ω_0 及 μ_0 满足条件：$Vp_1 = \mu_0^T y_0 = 1$，并且 $\omega_0 > 0, \mu_0 > 0$，则称 DMU_{j0} 为 DEA 有效。

加入松弛变量 s^+ 和 s^- 后，其对偶规划模型为：

$$\min \quad \theta = V_{D_1}$$

$$s.t. \begin{cases} \sum_{j=1}^{n} x_j \lambda_j + s^- = \theta x_0 \\ \sum_{j=1}^{n} y_j \lambda_j - s^+ = y_0 \\ \lambda_j \geq 0, j = 1, 2, \cdots, n; s^+ \geq 0, s^- \geq 0 \end{cases} \quad (2-3)$$

其中，$\lambda = (\lambda_1, \lambda_2, \cdots, \lambda_n)$ 及 θ 为 $n+1$ 个变量。

D 模型下 DEA 有效的判定：

①弱 DEA 有效：若模型 D 的最优解满足 $\theta^* = V_{D_1} = 1$，则称 DMU_{j0} 为弱 DEA 有效。

②DEA 有效：若模型 D 存在最优解 $\theta^* = V_{D_1} = 1$，并且每个最优解都满足 $s^+ = s^- = 0$，则称 DMU_{j0} 为 DEA 有效。

在实际应用中，由于判断 P 模型和 D 模型是否 DEA 有效存在困难，因此引入一个非阿基米德无穷小量 ε，ε 为一个小于任何正数且大于零的抽象数（一般取 $\varepsilon = 10^{-7}$）。具有非阿基米德无穷小量的模型 P_ε 如式（2-4）所示：

$$\max \quad Vp_{1\varepsilon} = \mu^T y_0$$
$$\text{s.t.} \begin{cases} \omega^T x_j - \mu^T y_{\ j} \geq 0, j = 1, 2, \cdots, n \\ \omega^T x_0 = 1 \\ \omega^T \geq \varepsilon e^{-T}, \mu^T \geq \varepsilon e^{+T} \end{cases} \quad (2-4)$$

其中，$e^{-T} = (1, 1, \cdots, 1) \in E_m$，$e^{+T} = (1, 1, \cdots, 1) \in E_s$。

加入松弛变量 s^+ 和 s^- 后，其对偶规划模型 D_ε 为：

$$\min \quad V_{D_{1\varepsilon}} = \left[\theta - \varepsilon(e^{-T}s^- + e^{+T}s^+) \right]$$
$$\text{s.t.} \begin{cases} \sum_{j=1}^{n} x_j \lambda_j + s^- = \theta x_0 \\ \sum_{j=1}^{n} y_j \lambda_{\text{j}} - s^+ = y_0 \\ \lambda_j \geq 0, j = 1, 2, \cdots, n; \\ s^+ \geq 0, s^- > 0 \end{cases} \quad (2-5)$$

D_ε 模型下 DEA 有效的判定：

①弱 DEA 有效：若模型 D_ε 的最优解满足 $\theta^* = 1$，则称 DMU_{j0} 为弱 DEA 有效。

② DEA 有效：若模型 D_ε 存在最优解 $\theta^* = 1$，并且其最优解满足 $s^+ = s^- = 0$，则称 DMU_{j0} 为 DEA 有效。

1984 年，Banker，Charnes 和 Cooper 对模型进行了改进，在模型 D 中加入一个凸性条件，得到 BCC 模型 D_2，如式（2-6）所示：

$$\min \quad \theta$$
$$\text{s.t.} \begin{cases} \sum_{j=1}^{n} x_j \lambda_j \leq \theta x_l \\ \sum_{j=1}^{n} y_j \lambda_j \leq y_l \\ \lambda_j \geq 0, j = 1, 2, \cdots, n \end{cases} \quad (2-6)$$

其对偶规划模型 P_2，如式（2-7）所示：

$$\max \quad Vp_2 = (\mu^T y_0 + \mu_0)$$
$$\text{s.t.} \begin{cases} \omega^T x_j - \mu^T y_j - \mu_0 \geq 0, j = 1, 2, \cdots, n \\ \omega^T x_0 = 1 \\ \omega^T \geq 0, \mu^T \geq 0 \end{cases} \quad (2-7)$$

P_2 模型下 DEA 有效的判定：

①弱 DEA 有效：若模型 P_2 的最优解 $Vp_2 = 1$，则称 DMU_{j0} 为弱 DEA 有效。

② DEA 有效：若模型 P_2 的最优解满足 $Vp_2 = 1$，并且 $\omega_0 > 0, \mu_0 > 0$，则称 DMU_{j0} 为 DEA 有效。

具有非阿基米德无穷小量的模型 $D_{2\varepsilon}$ 如式（2-8）所示：

$$\min \quad V_{D_{2\varepsilon}} = \left[\theta - \varepsilon(e^{-T} s^- + e^{+T} s^+) \right]$$
$$\text{s.t.} \begin{cases} \sum_{j=1}^{n} x_j \lambda_j + s^- = \theta x_0 \\ \sum_{j=1}^{n} y_j \lambda_j - s^+ = y_0 \\ \sum_{j=1}^{n} \lambda_j = 1 \\ \lambda_j \geq 0, j = 1, 2, \cdots, n; s^+ \geq 0, s^- \geq 0 \end{cases} \quad (2-8)$$

$D_{2\varepsilon}$ 模型下 DEA 有效的判定：

①弱 DEA 有效：若模型 $D_{2\varepsilon}$ 的最优解 $\theta^* = 1$，则称 DMU_{j0} 为弱 DEA 有效。

② DEA 有效：若模型 $D_{2\varepsilon}$ 的最优解 $\theta^* = 1$，并且其最优解满足 $s^+ = s^- = 0$，则称 DMU_{j0} 为 DEA 有效。

利用上述模型，求解各评价单元（DMU）的有效评价值，判断其是否 DEA 有效。

2.3.3　DEA交叉效率模型及其求解

2.3.3.1　DEA模型存在的缺陷及其解决方法

对于给定的决策单元 $DMU_d (d = 1, 2, \cdots, n)$，计算其效率 θ_d 的 CCR 模型可表示为 [111]：

$$\max \quad \theta_d = \sum_{r=1}^{s} \mu_r y_{rd}$$

$$\text{s.t.} \begin{cases} \sum_{i=1}^{m} \omega_i x_{ij} - \sum_{r=1}^{s} \mu_r y_{rj} \geq 0, \quad j=1,2,\cdots,n \\ \sum_{i=1}^{m} \omega_i x_{id} = 1 \\ \omega_i \geq 0, \quad i=1,2,\cdots,m \\ \mu_r \geq 0, \quad r=1,2,\cdots,s \end{cases} \quad (2-9)$$

其中，ω_i 和 μ_r 分别表示投入和产出的权重。$\omega_{1d},\omega_{2d},\cdots,\omega_{md}$，$\mu_{1d},\mu_{2d},\cdots,\mu_{sd}$ 分别表示可以满足模型（2-9）的投入和产出的相关权重，若模型（2-9）的最优解 $\omega_{1d}^*,\omega_{2d}^*,\cdots,\omega_{md}^*$ 和 $\mu_{1d}^*,\mu_{2d}^*,\cdots,\mu_{sd}^*$ 满足 $\theta_d^* = \sum_{r=1}^{s} \mu_{rd}^* y_{rd} = 1$，则称 DMU_d 为 DEA 有效；若 $\theta_d^* < 1$，则称 DMU_d 为非 DEA 有效。

但是，上述 CCR 模型在计算各 DMU_d 的效率值时均使用最有利于自己的权重 ω_d 和 μ_d，这一权重对各输入输出指标的分配极其悬殊，对于有利于自己的输入输出指标赋予较大的权重，而对于不利于自己的指标则赋予较小（甚至是 0）权重，从而忽略了其他决策单元的真实情况。因此，CCR 模型被看做是一种基于"自利"思想的自评价方法。同时，在运用 CCR 模型对多个决策单元进行相对有效性评价时，评价结果为 DEA 有效的决策单元往往不唯一，从而无法判断效率值均为 1 的各决策单元之间的效率差异。这成为 CCR 模型最为典型的两个缺陷。

为了克服上述缺陷，很多学者对 CCR 模型进行了发展和完善，其中，Sextion 等[112] 提出交叉效率评价方法，使用自互评体系代替单纯的自评体系，从而得到更为客观有效的评价结果。交叉效率评价方法的基本原理是：在 CCR 模型求解的基础上，用 DMU_d 最佳权重 $\omega_{1d}^*,\omega_{2d}^*,\cdots,\omega_{md}^*$ 和 $\mu_{1d}^*,\mu_{2d}^*,\cdots,\mu_{sd}^*$ 来计算第 k 个决策单元 DMU_k 的效率值，得交叉效率评价值 θ_{dk}：

$$\theta_{dk} = \frac{\sum_{r=1}^{s} \mu_{rd}^* y_{rk}}{\sum_{i=1}^{m} \omega_{id}^* x_{ik}}, \quad d,k=1,2,\cdots,n \quad (2-10)$$

θ_{dk} 称为决策单元 DMU_k 基于决策单元 DMU_d 的交叉效率评价值（他评值），当 $k = d$ 时，即得决策单元 DMU_d 的自评值 θ_{dd}。将决策单元 DMU_k 的 n 个评价值（包括 1 个自评值和 $n-1$ 个他评值）求均值，以此作为评价 DMU_k 优劣的标准。

$$\varepsilon_k = \sum_{d=1}^{n} \theta_{dk} / n \qquad (2-11)$$

ε_k 越大表示 DMU_k 越优，反之则越差。

2.3.3.2 交叉效率模型及其求解

尽管运用自互评体系代替自评体系能够有效解决 CCR 模型的缺陷，但在将上述方法运用到实践中时仍然有一个难题需要解决，即线性规划（2-9）的最优解 $\omega_{1d}^*, \omega_{2d}^*, \cdots, \omega_{md}^*$ 和 $\mu_{1d}^*, \mu_{2d}^*, \cdots, \mu_{sd}^*$ 不唯一，从而导致 θ_{dk} 的值不唯一。对此，John Doyle 和 Rodney Green[113] 通过在 CCR 模型的基础上引入不同的二级目标函数，提出了两阶段模型——对抗型（aggressive）交叉效率模型和友好型（benevolent）交叉效率模型。

（1）对抗型交叉效率模型及其求解

对抗型交叉效率评价模型的思想是：在使 DMU_d 获得最佳效率值 θ_{dd}^* 的前提下，使其他 $DMU_k(k=1,2,\cdots,n; k \neq d)$ 的效率值 θ_{dk} 尽可能小。计算时，在模型第一目标函数 $\max \sum_{r=1}^{s} \mu_r y_{rd}$ 的基础上，引入第二目标函数 $\min \sum_{r=1}^{s} \mu_r y_{rk}$，得二阶段评价模型：

$$\min \quad \sum_{r=1}^{s} \mu_r y_{rk} = \theta_{dk}$$

$$\text{s.t.} \begin{cases} \sum_{i=1}^{m} \omega_i x_{ij} - \sum_{r=1}^{s} \mu_r y_{rj} \geq 0, \quad j = 1, 2, \cdots, n \\ \sum_{i=1}^{m} \omega_i x_{ik} = 1 \\ \sum_{r=1}^{s} \mu_r y_{rd} - \theta_{dd}^* \sum_{i=1}^{m} \omega_i x_{id} = 0 \\ \mu_r \geq 0, \quad r = 1, 2, \cdots, s; \; \omega_i \geq 0, \quad i = 1, 2, \cdots, m \end{cases} \qquad (2-12)$$

求解模型（2-12）得最优权重 $\omega_{1d}^*,\omega_{2d}^*,\cdots,\omega_{md}^*$ 和 $\mu_{1d}^*,\mu_{2d}^*,\cdots,\mu_{sd}^*$，据此求出交叉效率值 θ_{dk}，进一步，可根据评价单元 DMU_k 的 n 个交叉效率评价值求出其总评价值 ε_k。

（2）友好型交叉效率模型及其求解

友好型交叉效率评价模型的思想是：在使 DMU_d 获得最佳效率值 θ_{dd}^* 的前提下，使其他 $DMU_k(k=1,2,\cdots,n;k\neq d)$ 的效率值 θ_{dk} 尽可能大。计算时，在 CCR 模型第一目标函数 $\max \sum_{r=1}^{s}\mu_r y_{rd}$ 的基础上，引入第二目标函数 $\max \sum_{r=1}^{s}\mu_r y_{rk}$，得二阶段评价模型：

$$
\max \quad \sum_{r=1}^{s}\mu_r y_{rk} = \theta_{dk}
$$

$$
s.t. \begin{cases} \sum_{i=1}^{m}\omega_i x_{ij} - \sum_{r=1}^{s}\mu_r y_{rj} \geq 0, \quad j=1,2,\cdots,n \\ \sum_{i=1}^{m}\omega_i x_{ik} = 1 \\ \sum_{r=1}^{s}\mu_r y_{rd} - \theta_{dd}^* \sum_{i=1}^{m}\omega_i x_{id} = 0 \\ \omega_i \geq 0, \quad i=1,2,\cdots,m; \mu_r \geq 0, \quad r=1,2,\cdots,s \end{cases}
\tag{2-13}
$$

求解模型（2-13）得最优权重 $\omega_{1d}^*,\omega_{2d}^*,\cdots,\omega_{md}^*$ 和 $\mu_{1d}^*,\mu_{2d}^*,\cdots,\mu_{sd}^*$，据此求出交叉效率值 θ_{dk}，进一步，可根据评价单元 DMU_k 的 n 个交叉效率评价值求出其总评价值 ε_k。

（3）中立性交叉效率模型及其求解

一般而言，对抗型交叉效率模型适用于决策单元之间为敌对关系的情况，友好型交叉效率模型则适用于决策单元之间是盟友关系的情况。但是，袁剑波等 [114] 认为，在现实中，并非所有决策单元都表现出单纯的敌对或盟友关系，当决策单元间的关系错综复杂时，运用对抗型或友好型交叉效率方法的评价结果都是不可信的。他们因此提出了第三种策略——中立性交叉效率模型。中立性交叉效率模型仍然沿袭了两阶段模型的基本原理，在一阶段目标函 $\max \sum_{r=1}^{s}\mu_r y_{rd}$ 的基础上引入新的二阶段目标函数 $\max \quad \delta = \min \left\{ \dfrac{\mu_r y_{rk}}{\sum_{i=1}^{m}\omega_i x_{ik}} \right\} (r=1,2,\cdots,s)$，该目标函数的含义是求第

r 个输出指标效率值中最小的那个输出指标效率值的最大值。由此，得线性规划模型：

$$
\max \quad \delta
$$

$$
s.t. \begin{cases} \sum_{i=1}^{m} \omega_i x_{ij} - \sum_{r=1}^{s} \mu_r y_{rj} \geq 0, \quad j = 1, 2, \cdots, n \\ \sum_{r=1}^{s} \mu_r y_{rd} - \theta_{dd}^* \sum_{i=1}^{m} \omega_i x_{id} = 0 \\ \omega_i \geq 0, \quad i = 1, 2, \cdots, m \\ \mu_r \geq 0, \quad r = 1, 2, \cdots, s \end{cases} \qquad （2-14）
$$

尽管，与对抗型和友好型交叉效率模型相比，中立性交叉效率模型似乎更符合实际。但一些实证研究中得出的结论显示 [111、114]，三种模型计算的交叉效率值虽然结果不同，但对于评价次序并无显著影响。本书在对城市公共基础设施各维度效益（经济效益、社会效益、环境效益）进行评价的过程中，将分别使用 CCR 模型与三种交叉效率模型对决策单元进行评价，一方面，证明交叉效率模型在评价中的合理性和可行性；另一方面，通过三种交叉效率模型评价结果的互相印证来强化最终的评价结果的可信性。

2.3.3.3　评价结果的一致性检验

本书将同时运用三种交叉效率模型进行实证分析，尽管从经验上来看，三种模型的评价结果并无显著差异。但是为了科学地验证三种评价结果的一致性，本书引入 Kendall 和谐系数检验。

Kendall 和谐系数检验又称 Kendall's W 检验，是一种用于检验多列等级变量相关程度的方法，适用于两列以上等级变量。假设对 n 个被评价对象进行 k 次评价，计算检验统计量 W 的公式为 [115]：

$$
W = \frac{S}{k^2(n^3 - n)/12} \qquad （2-15）
$$

其中，S 是每个被评价对象各次评价等级之和 R_j 与所有这些和的平均数 $\bar{R}_j$ 的离差平方和，即：

$$S = \sum_{i=1}^{n} (R_i - \overline{R}_i)^2 = \sum_{i=1}^{n} R_i^2 - \frac{1}{n} (\sum_{i=1}^{n} R_i)^2 \qquad （2-16）$$

当各次评价结果完全一致时，取得最大值$\frac{1}{12} k^2 (n^3 - n)$，此时 W=1。

SPSS 统计软件提供了 Kendall's W 检验功能，可以帮助我们很好地完成检验过程。

本书对城市公共基础设施各维度效益（经济效益、社会效益、环境效益）的评价将分别运用三种交叉效率模型进行计算，并运用 Kendall's W 方法检验三组评价结果的一致性，从而使评价结果更具可信性。

2.3.4　城市公共基础设施综合效益的考察方法：TOPSIS分析

城市公共基础设施综合效益是经济效益、社会效益、环境效益的协调统一。因此，可以以经济效益、社会效益、环境效益的评价结果为基础，对城市公共基础设施综合效益进行评价。综合评价的方法有很多种，但大多数方法需要以确定不同评价指标的权重为前提。而在城市公共基础设施综合效益的考察中，经济效益、社会效益、环境效益孰轻孰重，从不同的角度、不同的时期、不同的区域来看具有不同的结果，因此很难找出一个各方面都认可的客观的权重对三大效益的重要程度进行描述。同时，三大效益的不可分割性也决定了，要厘清其相对重要程度是很困难的。因此，本书将采用 TOPSIS 方法，通过设定理想解来对城市公共基础设施综合效益进行进一步深入分析。

2.3.4.1　TOPSIS方法概述

TOPSIS（Technique for Order Preference by Similarity to Ideal Solution）方法，即逼近理想解排序法，是系统工程中有限方案多目标决策分析的一种常用方法，可用于效益评价、卫生决策和卫生事业管理等多个领域[116]。其基本思想是：将 n 个影响综合评价结果的指标看成 n 条坐标轴，由此可以构造出一个 n 维空间，这样可以将每个被评价单元依照其各项指标的数据在 n 维空间中描绘出唯一的一个坐标点。再针对各项指标从所有被评价单元中选出该指标的最优值和最差值，并用其可以在 n 维空间中描绘出两个点分别是最优点和最差点。通过检测评价单元与最优点和最差点的距离来进行排序，若评价单元最靠近最优点同时又最远离最差点，则为最好，否则为最差。

2.3.4.2　TOPSIS方法的基本步骤

对于 m 个被评价单元，影响其综合评价结果的指标有 n 个。评价单元在各指标下的数值组成原始矩阵 A：

$$\begin{pmatrix} x_{11}, x_{12}, \cdots, x_{1n} \\ x_{21}, x_{22}, \cdots, x_{2n} \\ \cdots \quad \cdots \quad \cdots \quad \cdots \\ x_{m1}, x_{m2}, \cdots, x_{mn} \end{pmatrix}$$

步骤 1：对评价指标的归一化处理，令

$$x_{ij}^* = x_{ij} / \sqrt{\sum_{i=1}^{m} x_{ij}^2}$$

得到规范决策矩阵 Z

$$\begin{pmatrix} x_{11}^*, x_{12}^*, \cdots, x_{1n}^* \\ x_{21}^*, x_{22}^*, \cdots, x_{2n}^* \\ \cdots \quad \cdots \quad \cdots \quad \cdots \\ x_{m1}^*, x_{m2}^*, \cdots, x_{mn}^* \end{pmatrix}$$

步骤 2：确定正负理想解 Z^+，Z^-

$$Z^+ = \left(z_1^*, z_2^*, \cdots, z_n^* \right) \text{ 其中，} \quad z_j^* = \max_i x_j \quad i = 1,2,\cdots,m \ \ j = 1,2,\cdots n$$

$$Z^- = \left(z_1^0, z_2^0, \cdots, z_n^0 \right) \text{ 其中，} \quad z_j^0 = \min_i x_j \quad i = 1,2,\cdots,m \ \ j = 1,2,\cdots n$$

以上正负理想解的确定适用于指标类型为效益型指标的情况，当指标类型为成本型时，正负理想解为：

$$Z^+ = \left(z_1^0, z_2^0, \cdots, z_n^0\right)$$
$$Z^- = \left(z_1^*, z_2^*, \cdots, z_n^*\right)$$

步骤 3：计算各评价单元到正负理想解的距离 d^+ 和 d^-

$$d_i^+ = \sqrt{\sum_{j=1}^{n}(x_j^* - z_j^*)^2}$$

$$d_i^- = \sqrt{\sum_{j=1}^{n}(x_j^* - z_j^0)^2} \quad i = 1, 2, \cdots, m$$

步骤 4：计算各评价单元与最优状态的接近程度

$$C_i = d^- / (d^- + d^+)$$

步骤 5：按 C_i 由大到小排列各评价单元的优劣次序。

本书将以城市公共基础设施经济效益、社会效益、环境效益的评价结果为依据，通过 TOPSIS 分析，以各决策单元与城市公共基础设施综合效益最佳状态的接近程度对其综合效益状况进行优劣排序。通过综合评价结果和各维度评价结果的对比，可以在一定程度上判断出各维度效益的相对权重排序。

2.4　本章小结

本章是全书的理论和方法基础。首先，本章以经济学理论、公共管理理论、系统论为基础，分析和阐述了城市公共基础设施系统的构成及其效益的产生机制、作用机制和调节机制。城市公共基础设施的公共品属性是其效益产生的基础；城市公共基础设施系统是城市社会经济系统的子系统，通过与城市社会经济系统之间的相互作用实现其经济效益、社会效益和环境效益，发挥作为城市社会经济系统子系统的应有功能；不断提升城市公共基础设施的经济效益、社会效益、环境效益，促进三者的协调发挥既是城市公共基础设施部门运营的私人目标也是全社会的公共目标；运用控制论、标杆管理理论的方法和工具能够有效实现对城市公共基础设施效益发挥机制的调节。其次，本章从方法论的角度探讨了城市公共基础设施效益的评价方法，以理论分析为基础，进一步明确了城市公共基础设施三维度效益（经济效益、社会效益、环境效益）和综合效益评价方法的适用原则和选择依据，并对各种方法的模型设置、计算求解，应用范围进行了说明，从而为后四章的实证分析提供方法和工具。

第3章 中国城市公共基础设施效益状况分析
——基于投入产出的视角

3.1 中国城市公共基础设施建设历程

中国城市公共基础设施的发展与中国的城市化进程是密不可分的。新中国成立以后，特别是改革开放以来，中国经历了快速的城市化进程，统计显示，1949 年，中国的城市化率为 10.64%，到改革开放初的 1979 年为 19.99%，到 2015 年中国的城市化率已经达到 56.10%（数据来源：国家统计局）。完成同样的进程，美国用了 100 年。随着城市化对生产和生活条件的需求不断提高，城市公共基础设施也经历了快速的发展过程。以交通基础设施为例，1949 年，中国城市道路面积为 8432 万平方米（数据来源：《新中国 60 年统计资料汇编》），到 2015 年，城市道路面积已经达到 717675.1 万平方米（数据来源：国家统计局）。在 66 年的时间里，增长了 84 倍，平均年增长率达到 7%；中国发展最快的高速公路，自有统计资料以来的 1988 年的 0.01 万公里（数据来源：《新中国 60 年统计资料汇编》），增长到 2015 年的 12.35 万公里（数据来源：国家统计局），在不到 30 年时间里增长了 1000 多倍，平均年增长率超过 30%。可见，城市化是城市公共基础设施发展的根本原因和直接动力。

3.1.1 城市化与基础设施建设

城市作为人类经济活动的聚集地以及区域性生产和贸易的基本单位，是推动经济增长的主要因素。基础设施的发展既是城市发展的结果也是城市发展的条件，人口集聚而形成城市，城市人口和经济活动以及城市与城市之间的交流引致了对公共基础设施的需求，基础设施的建立和不断发展进一步推动了城市的集聚和发展。

（1）高速城市化产生了对基础设施的巨大需求

目前，中国是全球经济增长速度最快的国家之一。同时，作为世界上人口最多的国家，随着未来城市经济的进一步发展和城市化水平的提高，由此导致的环境、资源问题将日益严峻，持续高速增长面临挑战。城市人口的过度膨胀带来严重城市病（资源枯竭、环境恶化、交通拥堵等）的同时，也增加了对城市公共基础设施的强烈需求。尽管，目前中国城市已经具备了一定的基础设施条件，但是，在未来相当长一段时期内，中国仍将继续快速的城市化进程，因此对基础设施的需求还会继续增长。随着城市集聚扩散功能的变化，大城市的基础设施需要进一步完善和调整，中小城市的基础设施需要增加建设。即使中国的城市化进程结束，人类需求层次的提高、科学技术的发展、环境改善的客观要求等因素也将推动基础设施的持续发展。

城市化的快速发展不仅产生了对基础设施量的需求，同时也产生了对基础设施质的要求。以工业化、现代化、信息化为特征的城市化进程使城市的生产、生活和社会活动方式发生了根本变化。工业化水平的提高使经济发展和产业结构调整加速，城市生产活动更加合理和高效，与之相适应，城市的工厂、住宅、道路、通讯、生态环境、公用文化设施等各项建设也必须得到质和量的双重提升。特别是现代信息技术的飞速发展已经渗透到城市发展的各个领域，包括城市公共基础设施建设也受到信息化的广泛影响，如邮电通信的信息化服务、轨道交通的信息化控制系统等。基础设施的现代化、信息化既是城市化快速发展的客观要求，同时也是基础设施系统自身发展到高级阶段的必然表现。

（2）基础设施对城市化的作用

基础设施是城市赖以生存和发展的物质载体，它既是生产条件又是生活条件，同时又是投资环境。从演进角度讲，基础设施是城市发挥聚集和辐射功能的载体，亦即城市之所以为城市的必要条件。

首先，基础设施是城市发挥集聚效应的物质保障。基础设施的发展及其现代化水平的提高，是城市经济取得最佳集聚效益的基础。城市经济的发展离不开各种生产要素（资金、技术、劳动力）的集聚与有效配置。基础设施的迅速发展与完备是要素集聚的先决条件，进而是城市经济发展速度迅速提高、经济效益迅速改善的重要条件。

其次，基础设施是城市发挥中心作用的物质保障。城市中心作用是否能够有效发挥以及辐射和吸引力的大小，是由城市生产实力、经济效益和功能结构共同决定的，而城市的实力、效益、功能又是与基础设施的发展状况紧密相关的。无论是组织社会生产还是吸引外资，都需要有良好的投资环境和健全的城市功能。

再次，基础设施是城市现代化水平的标志。城市化的最直接标志是城市人口比重的增加，然而，人口不断向城市集聚是需要基础设施的支撑的，否则无法解决城市化过程中所产生的对资源、环境的巨大需求。只有完善的基础设施才能保证城市的协调运转，才能保证城市社会经济效益、环境效益的有机统一。城市经济越发达，居民生活水平越高，对基础设施的服务水平要求也就越高。目前，一些基础设施的普及率及人均占有水平已经成为衡量城市现代化水平的重要指标。

最后，基础设施发挥着保障城市安全、改善环境质量的作用。城市公共基础设施中的排水、污水处理、垃圾处理、防减灾等设施所创造的经济效益较低，甚至为零和负值，但却担负着维持城市正常运转、保障城市安全的重要责任。因此，城市公共基础设施的重要作用还表现在它能够带来显著的环境效益。除此之外，城市公共基础设施中的集中供水、供热等设施，既提高了居民生活效率，同时达到了节省能源、改善城市空气质量和环境的目的。

（3）基础设施建设与城市化互为因果

基础设施建设与城市化发展是互为条件，互为因果的。这种观点已经得到了理论上的认可，并且有学者[①]对基础设施建设与城市化之间的相关关系进行了定量研究，对基础设施投资与中国城市化短期和长期相互关系的测度表明，短期内基础设施的投资并不会带来确定的城市化水平的提高；基础设施对城市化的影响是长期的；随着城市化进程的不断推进，等量的城市化水平提高将会需要更多的基础设施投资。

3.1.2　中国城市公共基础设施的建设发展阶段

城市基础设施建设早在新中国成立之前就已经有了初步的基础，一些比较有影响力的城市，如上海、北京、南京、重庆等，以及一些比较发达的城市如

---

① 蒋时节. 基础设施投资与城市化进程 [M]. 北京：中国建筑工业出版社，2010.

广州、哈尔滨、沈阳等，都具备了在当时属于先进水平的基础设施。而中国城市公共基础设施的普遍发展是在建国以后，随着城市化进程的不断加快而逐步实现的。新中国成立以后，我国城市公共基础设施的发展大体可以分为以下几个阶段：

（1）建国初期至改革开放初期（1952–1980年）

这一时期，我国基础设施建设发展比较缓慢，基础设施建设投资总量和比重都比较低。统计数据显示，建国初期的1952年我国基础设施投资额为1.64亿元，占全部基本建设支出的3.76%；"一五"时期（1953–1957年）基础设施投资额为14.28亿元，占全部基本建设支出的2.42^%；到"五五"时期（1976–1980年）基础设施投资额达到51.25亿元，占全部基本建设支出的2.19%。这一时期，基础设施投资虽然有所增长，但占全部基本建设支出的比重却有所下降，导致城市基础设施发展缓慢，基础设施发展滞后于城市社会经济发展，出现了供给相对不足的状况。以公共交通领域为例，1949–1980年，公共电汽车数量由2292辆增加到32098辆，增长了13倍，年均增长率达到8.9%；但同期（1949–1980年）客运总数从37024万人次增加到1844526万人次，增长了近50倍，年均增长13.4%；每辆公共电汽车的年客运负担由1949年的16.2万人次上升到1980年的57.5万人次，增长了2.5倍。基础设施发展滞后阻碍了经济的进一步发展。

造成这一阶段我国城市公共基础设施供给相对不足的原因在于：首先，基础设施作为城市经济发展的基础条件的地位没有得到充分的认识，导致政府的经济发展计划过分偏重于重工业而忽视基础设施建设，致使基础设施严重滞后于城市经济发展；其次，基础设施投融资体制机制不健全导致基础设施建设资金匮乏，严重阻碍了城市公共基础设施的建设和发展；另外，对基础设施建设和运营的管理机制落后，导致基础设施各项效益难以有效发挥。

（2）"六五"至"七五"时期（1981–1990年）

从1978年我国实行改革开放政策开始，各级政府和全社会逐渐认识到了基础设施的重要性，国民经济和社会发展计划及基建投资开始向基础设施倾斜。在此期间，基础设施投资建设及管理体制经历了一系列改革，有力地推动了我国城市基础设施水平的提高。从 1980 到 1990 年，我国基础设施固定资产投资由 14.4 亿元增加到 121.21 亿元，10 年基础设施投资总额为 640.17 亿元，是此前五个"五年计划"期间基础设施固定资产投资总额的 5 倍。基础设施投资占全部固定资产投资总额的比重也由 1980 年的 3.0% 上升到 1990 年的 4.09%。期间城市公共基础设施水平有了显著的提高，城市公共基础设施过度紧张的状况也有所缓解。一些体现城市承载能力的指标（如人均道路面积）和一些表现城市信息化水平的指标（如电话普及率）等都有了较大幅度的提升，而一些用于改善城市生态环境的环保类基础设施也逐渐实现重大突破。

（3）20 世纪 90 年代至本世纪初

在此期间，我国基础设施建设取得了明显的成效，各项基础设施水平都有了显著提高。政府在逐步加大投资力度的同时，开始改革单一的财政投融资体制，在经历了财政投资与行政收费并行阶段和财政投资为主、实物投资为辅阶段后，开始尝试政府、企业和个人多元化、多层次、多模式的投资方式（包括财政投资、民间资本、项目融资、证券融资、引进外资等），由此加快了基础设施建设的步伐，使城市经济发展环境有了较大改善。从 1991~2000 年，城市市政公用设施建设固定资产投资额从 170.9 亿元增加到 1890.7 亿元，10 年间增长了 10 倍，年均增长率超过 30%；在全社会固定资产投资中所占比重也由 3.05% 上升到 5.74%。基础设施投入的增加带来了基础设施结构的完善和水平的提高，城市公共基础设施供求紧张的状况得到了很大程度的缓解。用水普及率、燃气普及率等指标突破了 1980s 时期的发展瓶颈，每万人拥有公共交通车辆、人均道路面积、污水处理率、电话普及率等指标都实现了数倍增长，特别是体现城市信息化发展水平的电话普及率指标 10 年间增长了近 14 倍。

（4）2000 年以后

2000 年以来，国家加大了对基础产业和基础设施建设的投入，同时，在区域平衡发展战略的影响下，加大对西部地区城市的建设力度，其中基础设施建设成为重点。另外，基础设施投融资体制的改革也不断得到推进。在多种因素的共同作用下，基础设施建设投资出现了井喷的局面。城市市政公用基础设施固定资产投资从 2001 年的 2351.9 亿元迅速增长到 2008 年的 7368.2 亿元，接近整个 1990s 年代全部市政公用设施固定资产投资总额。2008 年世界金融危机爆发后，为了刺激经济增长，我国进一步加大基础设施投入力度，2009 年当年市政公用设施固定资产投资完成额环比增长 44.42%，到 2014 年市政公用设施固定资产投资完成额突破 16000 亿，达到 16245.0 亿元。在此期间，我国城市公共基础设施水平也实现了较大幅度的提升，城市用水普及率、燃气普及率、电话普及率等指标均接近 100%，每万人拥有公共交通车辆、人均道路面积、人均公共绿地面积等指标都实现了 2 倍以上的增长，实现了城市发展环境的不断改善，为城市经济社会的快速发展奠定了坚实的基础。

3.2 基于投入要素视角的城市公共基础设施利用效益分析

本章从投入产出的视角对城市公共基础设施利用效益现状进行描述，通过对投入要素和产出要素的数据分析，明确城市公共基础设施效益发挥中存在的问题，为此后的评价提供基础。通过第 2 章的理论分析，对城市公共基础设施系统投入要素的考察包括劳动、资本和设施存量状况。

3.2.1 城市公共基础设施系统劳动投入状况

随着经济社会发展对基础设施和公共服务的需求不断增加，我国基础设施建设速度加快，基础设施数量和水平不断提升，对运营管理人员的需求增加。这部分劳动的投入是城市公共基础设施正常发挥作用和提供服务的必要条件。表 3-1 列出了城市公共基础设施相关行业从业人员情况。

表 3-1 显示，1999-2014 年，城市公共基础设施相关行业从业人员数量总体呈增长趋势，年均增长约 32.8 万人，年均增长 2.9%。其中，电力、燃气及水的生产和供应业，水利、环境和公共设施管理业从业人员均呈增长趋势，水利、环境和公共设施管理业从业人员增长幅度较大；交通运输、仓储和邮政业从业人员数量变化趋势呈 "U" 型，2006 年达到低谷，从业人员仅 530.48 万人。这

种状况说明，虽然城市公共基础设施数量增加对劳动投入需求增大，但同时，随着科学技术的发展，基础设施生产经营中的科技含量在不断提高，从而使要素投入结构发生了变化。

表 3-1　城市公共基础设施相关行业从业人员情况（1999–2014）

单位：万人

年份	电力、燃气及水的生产和供应业	交通运输、仓储及邮政业	水利、环境和公共设施管理业	合计
1999	241.26	665.68		906.94
2000	256.58	629.64		886.22
2001	259.15	567.02		826.17
2002	268.22	542.63		810.85
2003	278.05	560.99	161.71	1000.75
2004	282.27	555.8	166.61	1004.68
2005	285.46	549.94	168.39	1003.79
2006	281.61	530.48	174.59	986.68
2007	283.99	536.36	181.52	1001.87
2008	287.33	539.86	184.99	1012.18
2009	289.13	547.50	193.93	1030.56
2010	289.68	545.02	205.31	1040.01
2011	299.46	582.80	216.81	1099.07
2012	310.79	600.91	230.96	1142.66
2013	332.72	773.93	242.89	1349.54
2014	334.91	799.54	264.62	1399.07

数据来源：《中国城市统计年鉴》。

3.2.2　城市公共基础设施系统资本投入状况

对于城市公共基础设施系统资本投入的描述分为两个层面，第一个层面描述了城市公共基础设施系统的资本投入总规模，包括对全国城市总体情况的描述和主要城市个体情况的描述；第二个层面描述了资本投入在基础设施六个子系统间的分配情况，即资本投入结构。考虑到指标和数据的可得性，本书选用城市市政公用基础设施固定资产投资完成额指标对城市公共基础设施系统资本投入状况进行描述。

3.2.2.1 城市公共基础设施固定资产投资规模

新中国成立 60 多年，特别是改革开放 30 多年来，与中国城市化进程相适应，中国城市公共基础设施投资经历了快速的发展。基础设施建设对城市经济发展的作用得到了理论和实践的证实，因而基础设施建设投资在全部固定资产投资以及在国内总产值中所占的比重也在不断增加（尽管固定资产投资及其分配状况受经济周期影响会产生波动，但从历史的角度来看，中国城市公共基础设施固定资产投资在全部固定资产投资和国内生产总值中所占的比重总体呈现上升趋势）。

表 3-2　城市公共基础设施固定资产投资情况（1978–2014）

年份	GDP / 亿元	全社会固定资产投资完成额 / 亿元	城市市政公用设施固定资产投资完成额 / 亿元	占同期全社会固定资产投资比重 / %	占同期国内生产总值比重 / %
1978	3645.2	669.0	12.0	1.79	0.33
1979	4062.6	699.0	14.2	2.02	0.35
1980	4545.6	911.0	14.4	1.58	0.32
1981	4891.6	961.0	19.5	2.03	0.40
1982	5323.4	1230.4	27.2	2.21	0.51
1983	5962.7	1430.1	28.2	1.97	0.47
1984	7208.1	1832.9	41.7	2.27	0.58
1985	9016.0	2543.2	64.0	2.52	0.71
1986	10275.2	3120.6	80.1	2.57	0.78
1987	12058.6	3791.7	90.3	2.38	0.75
1988	15042.8	4753.8	113.2	2.38	0.75
1989	16992.3	4410.4	107.0	2.43	0.63
1990	18667.8	4517.0	121.2	2.68	0.65
1991	21781.5	5594.5	170.9	3.05	0.78
1992	26923.5	8080.1	283.2	3.50	1.05
1993	35333.9	13072.3	521.8	3.99	1.48
1994	48197.9	17042.1	666.0	3.91	1.38
1995	60793.7	20019.3	807.6	4.03	1.33
1996	71176.6	22974.0	948.6	4.13	1.33
1997	78973	24941.1	1142.7	4.58	1.45

年份	GDP / 亿元	全社会固定资产投资完成额 / 亿元	城市市政公用设施固定资产投资完成额 / 亿元	占同期全社会固定资产投资比重 / %	占同期国内生产总值比重 / %
1998	84402.3	28406.2	1477.6	5.20	1.75
1999	89677.1	29854.7	1590.8	5.33	1.77
2000	99214.6	32917.7	1890.7	5.74	1.91
2001	109655.2	37213.5	2351.9	6.32	2.14
2002	120332.7	43499.9	3123.2	7.18	2.60
2003	135822.8	55566.6	4462.4	8.03	3.29
2004	159878.3	70477.4	4762.2	6.76	2.98
2005	184937.4	88773.6	5602.2	6.31	3.03
2006	216314.4	109998.2	5765.1	5.25	2.67
2007	265810.3	137323.9	6418.9	4.68	2.41
2008	314045.4	172828.4	7368.2	4.26	2.35
2009	340902.8	224598.8	10641.5	4.7	3.12
2010	401512.8	278121.9	13363.9	4.81	3.33
2011	473104.0	311485.1	13934.2	4.48	2.95
2012	519322.1	374675.7	15296.4	4.08	2.95
2013	588018.8	446294.1	16349.8	3.66	2.87
2014	636462.7	512760.7	16245.0	3.17	2.55

数据来源：《中国城市建设统计年鉴 2014》。

如表 3-2 所示，从 1978-2014 年，城市市政公用设施固定资产投资完成额占全社会固定资产投资完成额的比重经历了先上升后下降的过程，在 2002、2003 年达到高峰，推测可能的原因在于，2000 年国家开始实施西部大开发战略，对中西部地区的基础设施投资大规模增加，特别是贯穿东中西部、辐射全国的交通基础设施网络开始全面兴建，从而提高了基础设施投资在全社会固定资产投资中所占的比重。1978-2014 年，城市市政公用基础设施固定资产投资在国内生产总值中的比重经历了一个稳步上升的过程，说明国家对于基础设施建设的重视程度正在不断提高。

3.2.2.2　城市公共基础设施固定资产投资结构

城市公共基础设施投资被用于能源动力、水资源和供排水、交通运输、邮电通信、生态环境和防减灾六个基础设施子系统中各种设施设备的建设、维护等。基础设施投资在六个子系统间的分配不仅与各城市的公共基础设施需求状况有关，同时也与城市整体规划、发展阶段、科技水平等因素相关。基础设施投资在各子系统中分配比例的差异是影响基础设施效益发挥的重要因素。

表3-3列出了1978-2014年，中国城市市政公用基础设施固定资产投资完成额在各子系统间的分配情况。数据显示，从1978-2014年，我国城市市政公用基础设施投资快速增长，但投资在各基础设施子系统间的分配状况变化趋势较复杂。能源动力基础设施投资比例经历了一个先上升后下降并逐渐趋于稳定的过程，主要是改革开放以后，出于城市居民生活水平提高的需求，对能源动力基础设施的投资不断增加并逐渐趋于饱和状态；水资源和供排水基础设施投资所占比例总体呈下降趋势，说明该类基础设施正处于日臻完善的过程；交通运输基础设施投资所占比例呈明显的波动趋势，且与GDP增速的变化趋势相似，如图3-1所示，说明与其他基础设施相比，交通基础设施投资与经济增长之间具有更强的相关性；防减灾基础设施投资所占比重尽管有缓慢增长趋势，但比例一直偏低，需要加强；生态环境基础设施投资所占比重具有明显的上升趋势，表明随着城市化问题的日益严重，生态环境类基础设施的重要性已经得到了充分认可与重视。

表3-3　1978-2014年城市公用基础设施固定资产投资完成额分配情况表

年份	合计 / 亿元	能源动力		水资源和供排水		交通运输		防减灾		生态环境		其他	
		金额 / 亿元	比例 / %	金额 / 亿元	比例 / %	金额 / 亿元	比例 / %	金额 / 亿元	比例 / %	金额 / 亿元	比例 / %	金额 / 亿元	比例 / %
1978	12	0	0.00	4.7	39.17	2.9	24.17	0	0.00	0	0.00	4.4	36.67
1979	14.2	0.6	4.23	4.6	32.39	4.9	34.51	0.1	0.70	0.5	3.52	3.4	23.94
1980	14.4	0	0.00	6.7	46.53	7	48.61	0	0.00	0	0.00	0.7	4.86
1981	19.5	1.8	9.23	6.2	31.79	6.6	33.85	0.2	1.03	1.6	8.21	3.2	16.41
1982	27.2	2	7.35	8.4	30.88	8.5	31.25	0.3	1.10	2	7.35	5.9	21.69
1983	28.2	3.2	11.35	8.5	30.14	9.3	32.98	0.4	1.42	2.1	7.45	4.7	16.67
1984	41.7	4.8	11.51	10.6	25.42	16.9	40.53	0.5	1.20	2.9	6.95	5.9	14.15
1985	64	8.2	12.81	13.7	21.41	24.6	38.44	0.9	1.41	5.3	8.28	11.3	17.66
1986	80.1	14.1	17.60	20.3	25.34	26.1	32.58	1.6	2.00	6.2	7.74	11.9	14.86

续表

年份	合计 / 亿元	能源动力		水资源和供排水		交通运输		防减灾		生态环境		其他	
		金额 / 亿元	比例 / %	金额 / 亿元	比例 / %	金额 / 亿元	比例 / %	金额 / 亿元	比例 / %	金额 / 亿元	比例 / %	金额 / 亿元	比例 / %
1987	90.3	13	14.40	26	28.79	32.6	36.10	1.4	1.55	5.5	6.09	11.9	13.18
1988	113.2	14	12.37	33.1	29.24	41.6	36.75	1.6	1.41	6	5.30	16.9	14.93
1989	107	15.6	14.58	31.9	29.81	37.8	35.33	1.2	1.12	5.6	5.23	14.8	13.83
1990	121.2	23.9	19.72	34.4	28.38	40.4	33.33	1.3	1.07	5.8	4.79	15.4	12.71
1991	170.9	31.2	18.26	46.3	27.09	61.6	36.04	2.1	1.23	8.5	4.97	21.3	12.46
1992	283.2	36.9	13.03	68.6	24.22	105.5	37.25	2.9	1.02	13.7	4.84	55.6	19.63
1993	521.8	45.5	8.72	106.9	20.49	213.9	40.99	5.9	1.13	23.8	4.56	125.8	24.11
1994	666	45.9	6.89	128.6	19.31	304.9	45.78	8	1.20	29.1	4.37	149.7	22.48
1995	807.6	46.7	5.78	160.4	19.86	322.5	39.93	9.5	1.18	36.1	4.47	232.5	28.79
1996	948.6	64	6.75	192.9	20.34	393	41.43	9.1	0.96	40	4.22	249.7	26.32
1997	1142.7	101.1	8.85	218.4	19.11	475.6	41.62	15.5	1.36	66	5.78	266.1	23.29
1998	1477.6	119.3	8.07	315.5	21.35	702.3	47.53	35.8	2.42	115.1	7.79	189.6	12.83
1999	1590.8	125.7	7.90	288.7	18.15	763.2	47.98	43	2.70	144.2	9.06	226	14.21
2000	1890.7	138.7	7.34	291.7	15.43	893.4	47.25	41.9	2.22	227.5	12.03	297.5	15.73
2001	2351.9	157.5	6.70	393.9	16.75	1051.3	44.70	70.5	3.00	213.8	9.09	466.6	19.84
2002	3123.2	209.8	6.72	445.9	14.28	1476	47.26	135.1	4.33	304.3	9.74	551	17.64
2003	4462.4	279.3	6.26	557	12.48	2323.3	52.06	124.5	2.79	417.9	9.36	760.4	17.04
2004	4762.2	321.7	6.76	577.4	12.12	2457.2	51.60	100.3	2.11	467.3	9.81	838.4	17.61
2005	5602.2	362.6	6.47	593.6	10.60	3019.9	53.91	120	2.14	559.1	9.98	947	16.90
2006	5765.1	378.6	6.57	536.6	9.31	3603.9	62.51	87.1	1.51	604.8	10.49	554.3	9.61
2007	6418.9	390.1	6.08	643	10.02	3841.4	59.85	141.4	2.20	667.4	10.40	735.6	11.46
2008	7368.2	433.2	5.88	791.4	10.74	4621.3	62.72	119.6	1.62	871.8	11.83	530.8	7.20
2009	10641.5	550.9	5.18	1098.6	10.32	6688.2	62.85	148.6	1.40	1231.4	11.57	923.9	8.68
2010	13363.9	724	5.42	1328.4	9.94	8508.3	63.67	194.4	1.45	1656.7	12.40	952.2	7.13
2011	13934.2	769	5.52	1201.9	8.63	9016.2	64.71	243.8	1.75	1930.3	13.85	773.1	5.55
2012	15296.4	1044.7	6.83	1114.9	7.29	9466.9	61.89	249.2	1.63	2095.1	13.70	1325.5	8.67
2013	16349.8	1021.6	6.25	1303.6	7.97	10810.7	66.12	—	—	2055.8	12.57	1558.0	9.53
2014	16245.0	991.4	6.10	1375.3	8.47	10865.1	66.88	—	—	2312.4	14.23	700.9	4.31

注：数据来源：《中国城市建设统计年鉴 2014》；其中，能源动力基础设施本年完成固定资产投资额为燃气行业和集中供热行业完成额合计；水的生产和给排水基础设施本年完成固定资产投资额为供水行业和排水行业完成额合计；交通运输基础设施本年完成固定资产投资额为轨道交通和道路桥梁行业完成额合计；防减灾基础设施本年完成固定资产投资额为防洪行业完成额；生态环保基础设施本年完成固定资产投资额为园林绿化行业和市容环境卫生行业完成额合计。由于统计原因，邮电通讯基础设施固定资产投资额数据暂缺。

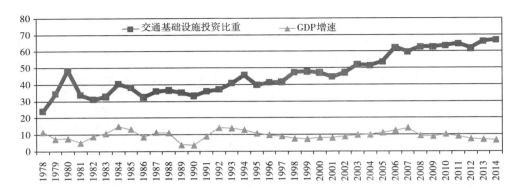

图 3-1　1978–2014 年交通基础设施投资额比重与 GDP 增速

3.2.3　城市公共基础设施存量现状

城市公共基础设施存量是城市公共基础设施建设成果的累积，是城市发展水平和发达程度的重要标志，是城市发挥集聚和扩散功能的条件和基础。对于城市公共基础设施存量的描述，一些学者采用了估算的方法①，以历年新增固定资产投资额为依据进行适当的折算，但是，根据估算方法不同、采用的折旧率、通胀率等数值不同，所得的估计结果也不相同，想得到一个各方都认可的结果很难。因此，本书采用实物形式对基础设施存量进行描述，原因有三：第一，历年的公共基础设施投资被用于基础设施建设或基础设施维护，其结果是产生了新的基础设施或是原有基础设施达到了新的使用状态，这些都会反映在最后一期的基础设施实物中；第二，公共基础设施实物形态比资本形态更丰富，能够更全面和系统地反映基础设施的系统特征；第三，用实物形态代替资本形态对基础设施存量进行描述不必考虑由于计算方法及相关指标数据的选择对估算结果的影响，同时，也涵盖了其他投入要素对基础设施存量的贡献，从而更加真实可靠。

---

① 高坚，王雄剑．中国基础设施投资政策读经济增长的影响 [M]．北京：北京大学出版社，2009．

3.2.3.1　城市公共基础设施存量结构

在明确了以实物形态进行描述的前提下，本书对城市公共基础设施存量的考察不仅能够具体描述六大子系统的存量情况，而且对于各子系统内部不同的基础设施存量也可进行适当分析。表 3-4 列出了 1979-2014 年我国城市公共基础设施存量状况。

表 3-4　我国城市公共基础设施存量状况（1979-2014 年）

年份	能源动力设施		水资源和供排水设施		交通运输设施		邮电通信设施	生态环境设施			防减灾设施
	燃气管道长度/公里	供热管道长度/公里	供水管道长度/公里	排水管道长度/公里	道路面积/万平方米	年末公共汽(电)车运营数/辆	营业网点/处	污水处理厂座数/座	生活垃圾无害化处理厂座数/座	市容环卫专用车辆设备总数/台	防洪堤长度/公里
1978	4717		35984	19556	22539	25839	49623	37			3443
1979	5197		39406	20432	24069	29912	49647	36	12	5316	3670
1980	5619		42859	21860	25255	32098	49471	35	17	6792	4342
1981	5889	359	46966	23183	26022	34189	49570	39	30	7917	4446
1982	6356	528	51513	24638	27976	36251	49727	39	27	9570	5201
1983	7116	653	56852	26448	29962	38616	50162	39	28	10836	5577
1984	9318	832	62892	28775	33019	41282	51463	43	24	11633	6170
1985	10567	1030	67350	31556	35872	42993	53107	51	14	13103	5998
1986	10399	1518	72557	42549	69856	49460	52777	64	23	19832	9952
1987	17115	1739	77864	47107	77885	52504	52882	73	23	21418	10732
1988	19214	2402	86231	50678	91355	56818	52881	69	29	22793	12894
1989	21297	3079	92281	54510	100591	59671	53092	72	37	25076	14506
1990	23628	3257	97183	57787	101721	62215	53629	80	66	25658	15500
1991	26235	4608	102299	61601	99135	66093	54006	87	169	27854	13892
1992	29418	4592	111780	67672	110526	77093	54891	100	371	30026	16015
1993	32841	5693	123007	75207	124866	88950	57005	108	499	32835	16729

续表

年份	能源动力设施		水资源和供排水设施		交通运输设施		邮电通信设施	生态环境设施			防减灾设施
	燃气管道长度/公里	供热管道长度/公里	供水管道长度/公里	排水管道长度/公里	道路面积/万平方米	年末公共汽（电）车运营数/辆	营业网点/处	污水处理厂数/座	生活垃圾无害化处理厂座数/座	市容环卫专用车辆设备总数/台	防洪堤长度/公里
1994	37282	7069	131052	83647	137602	100848	60447	139	609	34398	16575
1995	44000	9365	138701	110293	164886	136922	61898	141	932	39218	18885
1996	60000	33589	202613	112812	179871	148109	72496	309	574	40256	18475
1997	67764	32500	215587	119739	192165	169121	79273	307	635	41538	18880
1998	72612	34308	225361	125943	206136	189002	102225	398	655	42975	19550
1999	81482	38239	238001	134486	222158	209884	66649	402	696	44238	19842
2000	89458	43782	254561	141758	237849	225993	58437	427	660	44846	20981
2001	100479	53109	289338	158128	249431	230918	57136	452	741	50467	23798
2002	113823	58740	312605	173042	277179	246129	76358	537	651	52752	25503
2003	130211	69967	333289	198645	315645	264338	63555	612	575	56068	29426
2004	147949	77038	358410	218881	352955	281516	66393	708	559	60238	29515
2005	162109	86110	379332	241056	392166	310932	65917	792	471	64205	41269
2006	189491	93955	430426	261379	411449	312812	62799	815	419	66020	38820
2007	221103	102986	447229	291933	423662	344489	70655	883	458	71609	32274
2008	257846	120596	480084	315220	452433	367292	69146	1018	509	76400	33147
2009	273461	124807	510399	343892	481947	365161	65700	1214	567	83756	34698
2010	308680	139173	539778	369553	521322	374876	75700	1444	628	90414	36153
2011	348965	147338	573774	414074	562523	402645	78700	1588	677	100340	35051
2012	388941	160080	591872	439080	607449	419410	95600	1670	701	112157	33926
2013	432370	178136	646413	464878	644155	446604	125115	1736	765	126552	—
2014	474600	187184	676727	511179	683028	458955	137600	1807	818	141431	—

数据来源：《中国城市建设统计年鉴 2014》《新中国 60 年统计资料汇编》、国家统计局。

表 3-4 显示，改革开放以后，随着我国基础设施建设投入的增加，各种城市公共基础设施都有了明显的量的增长。其中，增长速度最快的是能源动力基础设施中的供热设施，从 1981-2014 年，供热管道长度从 359 公里增长到 187184 公里，增长了 500 多倍，年均增长速度达到 21%；增长最慢的是邮电通信设施，从 1978-2014 年，邮政营业网点从 49623 个增加到 137600 个，增长了 1.8 倍，年均增长率约为 3%。此前的分析表明，城市公共基础设施投资中，交通运输基础设施所占比重较大，但设施总量增长却并不明显，主要是因为表 3-4 选取了道路面积和公共汽车数量两项指标，这两种设施数量的增长会受到城市空间硬约束。由于指标和数据的可得性，以上描述只是针对上表中所选取的指标数据进行的分析，而不是对城市公共基础设施六大系统设施存量的绝对判断，但是，通过以上数据可以直观地了解到近 30 多年来我国基础设施存量的变化情况。

3.2.3.2　城市公共基础设施存量水平

基础设施为城市生产和居民生活提供设施和服务。基础设施水平是反映基础设施服务能力的重要指标。表 3-5 列出了近年我国城市主要公共基础设施水平状况。

表 3-5 显示，从 1981-2014 年，我国城市主要公用设施水平不断提高，燃气普及率、用水普及率等指标改善情况尤其明显，均接近 100%，说明我国城市基本生活条件已经较为完善；2012 年后电话（包括移动电话）普及率指标已经超过 100%，与 1981 年相比变化巨大，表明我国城市信息化、现代化水平提高迅速；表征城市公共基础设施对环境改善能力的指标（生活垃圾无害化处理率）在 1981-2014 年间也有显著变化；反映交通运输设施水平的指标（人均道路面积和每万人拥有公共交通车辆数）在 1981-2014 年间虽然有明显提高，但提高幅度小于其他指标，主要原因在于，尽管城市交通运输基础设施总规模增长迅速，但随着城市化进程的不断加快，城市人口膨胀严重，从而导致相关的人均指标改善不明显。

表 3-5　我国城市公共基础设施水平状况（1981–2014 年）

年份	燃气普及率 / %	用水普及率 / %	人均道路面积 / m²	每万人拥有公共交通车辆数 / 标台	电话普及率 / 部 / 百人	污水处理率 / %	生活垃圾无害化处理率 / %
1981	11.6	53.7	1.8		0.4		6.2
1982	12.6	56.7	2.0		0.5		6.1
1983	12.3	52.5	1.9		0.5		7.0
1984	13.0	49.5	1.8		0.5		5.0
1985	13.0	45.1	1.7		0.6		5.2
1986	15.2	51.3	3.1	2.5	0.7		1.4
1987	16.7	50.4	3.1	2.4	0.8		1.0
1988	16.5	47.6	3.1	2.2	0.9		1.3
1989	17.8	47.4	3.2	2.1	1.0		1.8
1990	19.1	48.0	3.1	2.2	1.1		3.1
1991	23.7	54.8	3.4	2.7	1.3	14.9	16.2
1992	26.3	56.2	3.6	3.0	1.6	17.3	34.2
1993	27.9	55.2	3.7	3.0	2.2	20.0	44.9
1994	30.4	56.0	3.8	3.0	3.2	17.1	48.1
1995	34.3	58.7	4.4	3.6	4.7	19.7	56.4
1996	38.2	60.7	5.0	3.8	6.3	23.6	51.4
1997	40.0	61.2	5.2	4.5	8.1	25.8	57.3
1998	41.8	61.9	5.5	4.6	10.0	29.6	60.0
1999	43.8	63.5	5.9	5.0	13.1	31.9	63.4
2000	45.4	63.9	6.1	5.3	19.1	34.3	61.4
2001	60.4	72.3	7.0	6.1	26.6	36.4	58.2
2002	67.2	77.9	7.9	6.7	33.7	40.0	54.2
2003	76.7	86.2	9.3	7.7	42.2	42.4	50.8
2004	81.5	88.9	10.3	8.4	50.0	45.7	52.2
2005	82.1	91.1	10.9	8.6	57.2	52.0	51.7
2006	79.1	86.1	11.0	9.1	63.4	55.7	53.0
2007	87.4	93.8	11.4	10.2	69.5	62.9	62.0
2008	89.6	94.7	12.2	11.1	74.3	70.2	66.8
2009	91.4	96.1	12.8	11.1	79.9	75.3	71.3
2010	92.0	96.7	13.2	11.2	86.4	82.3	77.9
2011	92.4	97.0	13.8	11.8	94.8	83.6	79.8
2012	93.2	97.2	14.4	12.2	103.1	87.3	84.8
2013	94.3	97.6	14.9	12.8	110.0	89.3	89.3
2014	94.6	97.6	15.3	13.0	112.3	90.2	91.8

数据来源：《中国城市建设统计年鉴 2014》《新中国 60 年统计资料汇编》、国家统计局。

3.3　基于产出视角的城市公共基础设施利用效益分析

根据第 2 章的理论分析，城市公共基础设施部门的生产经营活动对社会经济发展的影响是多途径、多方面的，可以归结为经济效益、社会效益和环境效益三大类。本书从产出的视角对城市公共基础设施效益进行考察，将对城市公共基础设施相关的经济、社会、环境方面的产出进行描述和分析。

3.3.1　基于产出的经济效益分析

城市公共基础设施部门的微观经济效益表现为该部门的经济产出，但同时城市公共基础设施作为生产与生活条件参与社会生产，从而对总产出产生间接影响，表现为城市公共基础设施的宏观经济效益。表 3-6 列示了近年基础设施相关行业增加值与国内生产总值情况。

表 3-6　我国城市公共基础设施相关行业增加值与国内生产总值（2005–2014 年）

年份	电力、燃气及水的生产和供应业		交通运输、仓储及邮政业		水利、环境和公共设施管理业		合计		国内生产总值 / 亿元
	增加值 / 亿元	占GDP比重 / %	增加值 / 亿元	占GDP比重 / %	增加值 / 亿元	占GDP比重 / %	增加值 / 亿元	占GDP比重 / %	
2005	6794.6	3.67	10666.2	5.77	849.9	0.46	18310.7	9.90	184937.4
2006	8015.2	3.71	12183.0	5.63	944.2	0.44	21142.4	9.77	216314.4
2007	9609.2	3.62	14601.0	5.49	1105.3	0.42	25315.5	9.52	265810.3
2008	8091.3	2.58	16362.5	5.21	1265.5	0.40	25719.3	8.19	314045.4
2009	8395.4	2.46	16727.1	4.91	1480.4	0.43	26602.9	7.80	340902.8
2010	9460.6	2.36	19132.2	4.77	1752.1	0.44	30344.9	7.56	401512.8
2011	10647.4	2.25	22432.8	4.74	2039.5	0.43	35119.7	7.42	473104.0
2012	14006.0	2.59	23763.2	4.40	2556.8	0.47	40326.0	7.46	540367.4
2013	15002.2	2.56	26042.7	4.45	3056.3	0.52	44101.2	7.54	585244.4
2014	14819.0	2.30	28500.9	4.43	3472.7	0.54	46792.6	7.27	643974.0

数据来源：《中国统计年鉴 –2016》。

表 3-6 显示，从 2005-2014 年，基础设施相关的电力、燃气及水的生产和供应业，交通运输、仓储及邮政业，水利、环境和公共设施管理业，三个行业的增加值均呈快速增长趋势。三个行业增加值合计年均增长速度达到 11.0%，其中，增长最快的是水利、环境和公共设施管理业，年均增长率达到 16.9%。但这三个基础设施相关行业增加值及其合计占国内生产总值的比重却呈不断下降趋势。三个行业中，交通运输、仓储及邮政业增加值占国内生产总值的比重最高，且下降较为明显，从 2005-2014 年，该行业增加值占国内生产总值的比重从 5.77% 下降到 4.43%，9 年间下降了 1.34 个百分点；电力、燃气及水的生产和供应业增加值占国内生产总值比重在 2005-2014 年间下降了 1.37 个百分点；水利、环境和公共设施管理业增加值占国内生产总值比重下降虽不明显，但 2014 年与 2005 年相比，仍下降了 0.09 个百分点；三个行业增加值合计占国内生产总值的比重下降了 2.63 个百分点。

大量研究已经证明，基础设施对于经济增长的贡献是十分明显的，但是数据表明，基础设施相关行业创造的直接经济价值在国内生产总值中所占比重却在不断衰减。这种状况进一步说明，公共基础设施对于经济增长的贡献更多地是通过间接影响来实现的。因此，在对城市公共基础设施经济效益进行评价时，应同时考虑其产生的直接经济效益和间接经济效益。

3.3.2   基于产出的社会效益分析

与其他私人部门不同，城市公共基础设施部门生产经营活动最重要的目标是实现社会公共利益最大化。基础设施作为重要的再分配手段，实现了社会公平目标，提高了整个社会的福利水平，使社会发展的成果被全体民众共享。具体来讲，基础设施对社会福利的贡献体现在提高收入、增加就业、减贫等各个方面。同时，这种效果也是宏观的，以就业为例，表 3-7 列示了近年基础设施相关行业从业人员与全社会从业人员情况。

表 3-7　基础设施相关行业从业人员与全社会从业人员情况（2003-2014 年）

年份	电力、燃气及水的生产和供应业		交通运输、仓储及邮政业		水利、环境和公共设施管理业		合　计		全社会从业人员 /万人
	从业人员 /万人	占全社会从业人员重 /%	从业人员 /万人	占全社会从业人员重 /%	从业人员 /万人	占全社会从业人员重 /%	从业人员 /万人	占全社会从业人员重 /%	
2003	278.05	2.62	560.99	5.29	161.71	1.52	1000.75	9.43	10610.64
2004	282.27	2.60	555.80	5.13	166.61	1.54	1004.68	9.27	10837.33
2005	285.46	2.54	549.94	4.89	168.39	1.50	1003.79	8.93	11244.65
2006	281.61	2.54	530.48	4.79	174.59	1.58	986.68	8.91	11069.38
2007	283.99	2.49	536.36	4.70	181.52	1.59	1001.87	8.79	11404.23
2008	287.33	2.48	539.86	4.66	184.99	1.60	1012.18	8.74	11576.99
2009	289.13	2.40	547.50	4.54	193.93	1.61	1030.56	8.55	12051.71
2010	289.68	2.33	545.02	4.39	205.31	1.65	1040.01	8.38	12409.00
2011	299.46	2.17	582.80	4.23	216.81	1.57	1099.07	7.97	13791.14
2012	310.79	2.05	600.91	3.96	230.96	1.52	1142.66	7.54	15159.40
2013	332.72	1.83	773.93	4.27	242.89	1.34	1349.54	7.44	18144.70
2014	334.91	1.83	799.64	4.38	254.62	1.39	1389.17	7.61	18260.07

数据来源：《中国城市统计年鉴》，全社会从业人员数为相应年份城市年末单位从业人员数合计。

表 3-7 显示，基础设施相关的电力、燃气及水的生产和供应业，交通运输、仓储及邮政业、水利、环境和公共设施管理业，三个行业从业人员合计占社会从业人员的比重不足 10%，且在 2003-2014 年间有明显下降趋势。其中，交通运输、仓储及邮政业从业人员占三个行业从业人员总数的 50% 左右。2003-2014 年，全社会就业人员总数呈不断上升趋势，年均增长率超过 5%，平均每年增加就业人口超过 700 万。但同期基础设施相关行业从业人员却表现出相反的变化趋势，从业人员数量及其在全社会从业人员总数中所占比重均呈下降趋势。这说明，基础设施部门对全社会就业的影响并没有体现在本部门吸纳的直接就业情况上。

城市公共基础设施对其他社会福利的影响也很难直接计量，如在收入和减贫方面，基础设施的建设运营改善了城市和农村低收入群体的收入状况，使整个社会的贫困状况得到缓解，这是基础设施部门本身的经营成果所无法直接显示的。因此，对城市公共基础设施社会效益的评价也需要从更宏观的视角进行。

3.3.3 基于产出的环境效益分析

与经济效益和社会效益不同，基础设施对生态环境的作用是直接的。因为生态环境同样具有公共品属性，其他私人部门的环境改善支出行为是不符合经济学基本假设的。城市公共基础设施包含六大子系统，其中，水资源和供排水系统中的污水处理设施，生态环境系统中的生态环保设施，包括垃圾处理、园林绿化等，都通过直接作用于城市生态环境而导致生态环境的改善。近年来，随着科学发展、可持续发展等理念的兴起，生态环境的重要性得到了越来越多的关注，生态环境基础设施建设投入增加，对城市生态环境的改善作用日益明显。表 3-8 列示了近年来我国城市主要生态环保状况。

表 3-8 我国城市主要生态环保状况（1996–2014）

年份	建成区绿化覆盖面积 / 公顷	建成区绿化覆盖率 / %	建成区绿地面积 / 公顷	建成区绿地率 / %	公园绿地面积 / 公顷	人均公园绿地面积 /m²	公园面积 / 公顷	污水处理率 / %	生活垃圾无害化处理率 / %
1996	493915	24.43	385056	19.05	99945	2.76	68055	23.6	51.4
1997	530877	25.53	427766	20.57	107800	2.93	68933	25.8	57.3
1998	567837	26.56	466197	21.81	120326	3.22	73198	29.6	60.0
1999	593698	27.58	495696	23.03	131930	3.51	77137	31.9	63.4
2000	631767	28.15	531088	23.67	143146	3.69	82090	34.3	61.4
2001	681914	28.38	582952	24.26	163023	4.56	90621	36.4	58.2
2002	772749	29.75	670131	25.80	188826	5.36	100037	40.0	54.2
2003	881675	31.15	771730	27.26	219514	6.49	113462	42.4	50.8
2004	962517	31.66	842865	27.72	252286	7.39	133846	45.7	52.2
2005	1058381	32.54	927064	28.51	283263	7.89	157713	52.0	51.7

年份	建成区绿化覆盖面积 / 公顷	建成区绿化覆盖率 / %	建成区绿地面积 / 公顷	建成区绿地率 / %	公园绿地面积 / 公顷	人均公园绿地面积 /m²	公园面积 / 公顷	污水处理率 / %	生活垃圾无害化处理率 / %
2006	1181762	35.11	1040823	30.92	309544	8.30	208056	55.7	53.0
2007	1251573	35.29	1110330	31.30	332654	8.98	202244	62.9	62.0
2008	1356467	37.37	1208448	33.29	359468	9.71	218260	70.2	66.8
2009	1494486	38.22	1338133	34.17	401584	10.66	235825	75.3	71.3
2010	1612458	38.62	1443663	34.47	441276	11.18	258177	82.3	77.9
2011	1718924	39.22	1545985	35.27	482620	11.80	285751	83.6	79.8
2012	1812488	39.59	1635240	35.72	517815	12.26	306245	87.3	84.8
2013	1907490	39.70	1719361	35.78	547356	12.64	329842	89.3	89.3
2014	2017348	40.22	1819960	36.29	582392	13.08	367926	90.2	91.8

数据来源：《中国城市建设统计年鉴2014》《中国城市统计年鉴》、国家统计局。

表3-8显示，1996-2014年，反映我国城市生态环境状况的各项指标无论是绝对数量还是水平都呈明显改善趋势。建成区绿化覆盖面积、建城区绿地面积、公园绿地面积、公园面积等总量指标增长迅速，年均增长率都在10%左右；建成区绿化覆盖率、建城区绿地率、人均公园绿地面积、污水处理率、生活垃圾无害化处理率等水平指标提高明显，尤其是人均公园绿地面积，在1996-2014年的16年间增长了近4倍，体现了我国城市生态环境的巨大变化。

3.4 城市公共基础设施效益评价中存在的问题

城市公共基础设施效益评价是一个系统工程，尽管以往有大量研究在这一领域做出了开创性的尝试，但仍存在一些问题需要解决。归纳起来，目前在城市公共基础设施效益评价中有两个方面的问题仍有待解决，一是评价中的理论与技术问题，二是城市公共基础设施效益发挥中的现实问题。

3.4.1 理论与技术问题

第1章的文献综述显示，目前学术界对于城市公共基础设施效益的评价主要集中在经济效益方面，涉及社会效益和环境效益的评价相对较少。其根本原因在于，对于城市公共基础设施效益的发挥机制缺乏系统的理论阐述；同时，在社会效益和环境效益的评价中所涉及的多项指标量化困难。这两个原因导致了对于城市公共基础设施社会效益和环境效益的评价缺乏理论指导和数据支撑，评价指标的选择往往很难真正反映城市公共基础设施社会效益和环境效益状况。对城市公共基础设施社会效益和环境效益评价的缺失导致了城市公共基础设施效益系统评价的不完善，因此，要完成对城市公共基础设施效益的全面系统评价，需要首先解决评价中的理论和技术问题。本书从投入产出的视角对城市公共基础设施效益的产生机制、发挥机制等进行了严谨的理论阐述，构建了城市公共基础设施经济效益、社会效益、环境效益及其协调发挥的理论框架，并采用 DEA 模型和 TOPSIS 分析方法对城市公共基础设施效益状况进行定量考察，为城市公共基础设施效益评价问题的解决提供了理论基础和方法探索。

3.4.2 现实问题

通过前文的现状分析可见，城市公共基础设施的宏观效益是不能完全通过本部门的直接生产经营成果来体现的，这是造成当前城市公共基础设施宏观效益发挥不当的重要原因，它导致了以下三个具体问题。

（1）城市公共基础设施系统整体效益发挥受限。城市公共基础设施系统包含六大子系统，各子系统在系统整体经济效益、社会效益和环境效益中的贡献程度是不同的，比如，交通运输基础设施的经济效益要明显大于社会效益和环境效益，而生态环境基础设施的环境效益最为突出。在经济增长成为主要社会发展目标的背景下，研究者和决策者更关注基础设施的经济效益。因此，经济效益较好的交通运输领域成为基础设施投资建设的重点，从而导致了基础设施投资结构的不平衡局面。一些社会效益和环境效益较好的基础设施在总投资中所占比重较低。这种基础设施投资结构的不平衡导致了基础设施六大子系统发展不协调，从而限制了系统整体效益的发挥。例如，2012 年北京 "7·21" 特大暴雨，由于排水系统不畅一度导致交通系统瘫痪，由此造成的经济损失超过百亿元 [①]。可见，城市公共基础设施的经济效益、社会效益和环境效益是相互影响、协调统一的。个别子系统某项效益发挥不当，不仅会影响系统整体该项效益的发挥，也会影响系统其他效益的发挥。

产生这一问题的根源是城市公共基础设施的社会效益和环境效益还没有得到足够的重视，不仅缺乏严谨的理论解释，也缺乏有力的实证支撑。因此，完善城市公共基础设施效益评价理论和方法，对城市公共基础设施效益进行包括经济效益、社会效益、环境效益在内的全面评价，是促进城市公共基础设施效益有效发挥的前提。本书拟采用 DEA 模型和 TOPSIS 方法对城市公共基础设施经济效益、社会效益、环境效益及其协调状况进行分析，从而全面、系统的评价城市公共基础设施效益发挥状况，为城市公共基础设施效益的改善提供实证依据。

（2）城市公共基础设施的长期效益受到威胁。城市公共基础设施具有长期效益重于短期效益的特点，其根本目的是为城市生产和生活提供条件，而不是单纯的刺激经济增长。但近年来，随着一些基础设施对经济增长的促进作用得到理论和实证的检验后，其刺激经济增长的作用被盲目夸大。当遭遇经济增长困境时，一些基础设施领域就会成为社会投资的重点。这些基础设施在建设初期会创造大量的就业，带动相关产业的发展，并在短时期内实现拉动经济增长的目标。但是这种以短期刺激经济增长为目的的基础设施投资行为往往缺乏系统规划，虽然能够产生较理想的短期经济效益，但此后由于盲目投资导致的闲置浪费、贷款偿还及收费等问题为经济的可持续发展埋下了隐患，损害了长期经济效益以及社会效

---

① 北京 "7·21" 特大暴雨造成经济损失 116.4 亿元 [BQ/OL]. http://news.xinhuanet.com/politics/2012-07/25/c_112533481.htm

益和环境效益。

产生这一问题的根源仍然是对城市共公基础设施效益缺乏全面的评价，过度依赖于基础设施的短期经济刺激效应，而对于由此造成的长期经济损失和可能的社会和环境损害估计不足，在获取短期经济效益的同时，牺牲了长期经济效益、社会效益和环境效益。本书通过动态评价，考察了城市公共基础设效益的变化趋势，避免了静态评价的短视性，从而为城市共基础设施效益的长期调节提供有力支撑。

（3）城市公共基础设施效益发挥渠道不畅。城市公共基础设施效益的发挥有两个前提，一是要具备一定数量和质量的基础设施，这是效益发挥的载体；二是要具备相应的运营管理活动，这是效益发挥的渠道。（1）、（2）说明了基础设施投资和建设不当导致的载体数量和质量问题部分地限制了城市公共基础设施效益的发挥。另外，运营和管理不当也是造成城市公共基础设施效益发挥不足的一个重要原因。涉及城市公共基础设施管理的公共管理部门包括市政综合管理部门（如城市建设管理委员会）、市政专业管理部门（如公共事业局、环卫局等）以及市政协调管理部门（如市政管理委员会）。相关部门的协调运行是保证城市公共基础设施效益发挥的条件。但目前城市公共基础设施相关管理部门仍存在管理方式落后、管理水平低下、协调不畅等问题，这些问题产生的根源是缺乏科学的基础设施运营管理方法和工具，导致了基础设施运营管理效率低下，进而影响了城市公共基础设施效益的正常发挥。因此，为城市公共基础设施管理部门提供科学的决策依据和管理工具也是提高城市公共基础设施效益需要解决的问题。本书以实证分析结果为依据，提出运用标杆管理和控制论的科学方法来指导城市公共基础设施系统的运营管理，从而有利于城市公共基础设施效益的有效发挥。

3.5　本章小结

本章以第 2 章的理论阐述为基础，从投入产出的角度对城市公共基础设施效益现状进行了描述和分析。通过对城市公共基础设施系统投入和产出要素的考察，本书进一步总结出城市公共基础设施效益评价中存在的理论技术和现实问题，并对问题产生的根源进行了简要分析，提出运用 DEA 模型和 TOPSIS 方法对城市公共基础设施经济效益、社会效益、环境效益及其协调发挥状况进行全面系统分析，并以科学的公共管理工具为指导，来解决城市公共基础设施效益评价及由此产生的效益发挥问题，从而为下文中城市公共基础设施效益的三维度评价和综合评价提供指导。

第4章　城市公共基础设施经济效益评价

4.1 城市公共基础设施经济效益及其作用机制

4.1.1 城市公共基础设施经济效益的界定

根据《现代经济词典》的定义，经济效益是指经济活动中，资源利用、劳动消耗与所获得的符合社会需要的劳动成果之间的对比关系[117]，其本质是反映一种投入产出的对比关系。可以由此定义城市公共基础设施的经济效益为城市公共基础设施部门在建设运营过程中，资源利用、劳动消耗与所产生的符合社会需要的劳动成果之间的对比关系。城市公共基础设施经济效益有广义和狭义之分。狭义的城市公共基础设施经济效益是指城市公共基础设施部门自身在生产经营过程中所消耗的资源与产生的经济成果之间的对比关系，也称为微观经济效益。广义的城市公共基础设施经济效益是从国民经济总体运行的角度来考察基础设施部门的生产经营成果，即认为基础设施部门的生产经营活动不仅使本部门产生经济效益，同时通过为国民经济其他部门提供生产所必须的条件，从而间接地产生经济效益。因此，广义的城市公共基础设施经济效益是指城市公共基础设施部门在生产经营活动中所消耗的资源与全社会由此而产生的经济成果之间的对比关系，也称为宏观经济效益。

城市公共基础设施作为公共物品，最主要的作用是为城市生产生活提供必要的条件，其部门的微观经济效益并不能作为衡量城市公共基础设施价值的有效指标。本书从城市公共基础设施的公共物品属性入手，目的是考察城市公共基础设施与整个国民经济产出之间的关系，因此，使用广义的或者是宏观的城市公共基础设施经济效益的概念。

4.1.2 城市公共基础设施经济效益作用机制

从城市公共基础设施宏观经济效益的概念出发，本书主要考察城市公共基础设施促进整个国民经济总产出增加的作用机理。一方面，城市公共基础设施作为一项投资，通过需求拉动和资本积累两个途径带来总产出增加，可称为投资乘数作用；另一方面，城市公共基础设施作为一项公共品，通过外部性对其他生产部门产生作用，从而间接导致总产出增加，可称为溢出效应。

4.1.2.1 投资乘数效应

从国民经济核算的角度来讲，基础设施部门作为国民经济的组成部分，其投资直接创造的产出是总产出的重要组成部分，直接引起国民财富的增加。更为重要的是，基础设施投资通过乘数效应进一步影响全社会的资本积累，带动几倍于投资额的总需求，从而导致总产出更多的增加。有研究表明，轨道交通建设投资对城市GDP 的直接贡献率为 2.63 倍并提供 8466 个就业岗位，同时带动上下游产业链和沿线金融、商贸、服务业的发展，其综合贡献率达到 6.2 倍 [118]。

4.1.2.2 溢出效应

基础设施作为一种公共品，其所产生的经济效益并不局限于基础设施功能本身，更为重要的是为国民经济其他部门提供生产条件，从而提高生产效率、降低交易成本。另外，基础设施条件的不断完善能够为城市集聚作用的发挥创造条件，通过溢出效应促进区域产出增加。

（1）提高生产效率。城市公共基础设施作为城市生产活动的先决条件，不仅是企业生产经营活动的前提。同时，基础设施作为中间投入品，降低了其他生产要素的生产成本，从而提高了生产率。另外，基础设施作为政府免费提供的公共品，改善了企业的决策环境，进而影响其成本函数和利润函数，降低企业成本 [119]，提高企业经营效率。

（2）降低交易成本。基础设施为市场运行提供良好的环境，是市场活动的"润滑剂"。首先，基础设施为商品流通和劳动力的流动提供便捷条件，降低要素流通成本。其次，良好的基础设施使得市场主体获取信息变得更为容易，降低其获取信息的成本，提高决策效率。

（3）为集聚提供条件，产生规模效应。城市公共基础设施是城市生产生活的基础。良好的基础设施能够为生产者降低生产成本，提高生产效率，为城市居民降低生活成本，提高生活质量，从而成为城市人口和产业集聚的必要条件。集聚进一步产生规模效应，提高社会生产效率，导致区域总产出增加。

由上文的分析可以看出，城市公共基础设施的投入通过多种途径影响城市的总产出，并且，城市公共基础设施对总产出的贡献更多得是通过间接途径来实现的。因此，从宏观的角度出发，城市公共基础设施系统的经济效益产生机制可以用图4-1来表示。

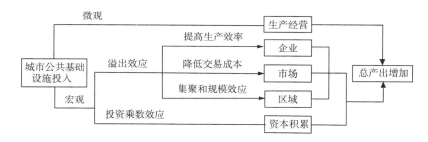

图4-1 城市公共基础设施经济效益作用机制

4.2 城市公共基础设施经济效益评价指标体系的构建

4.2.1 指标体系的构建原则

本书从投入－产出的角度对城市公共基础设施的经济效益进行考察，选取的指标力求科学地反映城市公共基础设施的投入产出水平，以此作为评价城市公共基础设施有效性的基础。具体而言，指标的选取原则包括如下几个方面。

（1）科学性。根据上文的分析，我们认为城市公共基础设施是通过两种途径发挥其经济效益，二者的作用机理不同，直接经济效益依赖于新增基础设施投资的乘数效应，而间接经济效益依赖于存量基础设施的溢出效应。因此，指标的选取应力求科学，既能够反映投入的数量和质量，也能够反映作用机理的差异。依据科学性原则，本书将投入指标分为增量指标和存量指标两大类，用以反映城市公共基础设施经济效益不同的实现途径。其中，增量指标用来描述样本城市公共基础设施新增投资数量；存量指标用来描述样本城市公共基础设施建成投入使用数量，即城市公共基础设施六大系统中各系统所能提供的用于城市生产生活的设施数量。

（2）全面性。城市公共基础设施系统是一个复杂系统，包含六个子系统，每个子系统又包含功能各异的若干部门。一些描述存量的指标性质不同、量纲有别，无法叠加。因此，指标的选取应尽可能全面反映城市公共基础设施各子系统的状态。

（3）可操作性。指标的选取同时要考虑到数据的可得性，以及与所选择评价方法的适应性等。

4.2.2　城市公共基础设施经济效益评价指标体系

根据以上原则，本书构建了城市公共基础设施经济效益评价指标体系，如表4-1所示。

表4-1　城市公共基础设施经济效益评价指标体系

投入指标		产出指标	
指标	名称	指标	名称
资金投入（x_1）	城市市政公用设施固定资产投资额	社会总产出（y_1）	地区生产总值
劳动投入（x_2）	基础设施相关行业从业人员数	财政收入（y_2）	地方财政一般预算收入
能源动力设施存量（x_3）	供气管道长度	吸引投资（y_3）	实际直接利用外资金额
水资源和供排水设施存量（x_4）	供水管道长度		
交通运输设施存量（x_5）	年末实有城市道路面积		
邮电通信设施存量（x_6）	年末邮政局数		
市容环境设施存量（x_7）	市容环卫专用车辆设备总数		
防减灾设施存量（x_8）	医院、卫生院床位数		

如表 4-1 所示，在城市公共基础设施经济效益评价指标体系中，投入指标由三部分组成：反映基础设施部门资本投入的指标 x_1，用城市市政公用设施固定资产投资额表示；反映基础设施部门劳动投入的指标 x_2，用公共基础设施相关部门从业人员数表示；反映基础设施部门存量设施投入的指标 $x_3 \sim x_8$，分别用城市公共供气管道长度、供水管道长度、城市道路面积、邮政局数量、市容环卫专用车辆设备总数、医院床位数表示。其中，指标 x_8 用来表示防减灾设施存量水平，考虑到城市防减灾系统是由城市灾害测控部门、消防站、医疗急救中心、卫生防疫站、防减灾物资储备仓库、医院等机构及其附属设施设备组成的城市灾害管理、防御、救援系统，而以往研究中对于该项指标的定量考察极少。本书选取医院、卫生院床位数对该指标进行表述，从而以城市医疗救助能力来部分表征城市防减灾能力。产出指标的选取充分考虑了城市公共基础设施经济效益的宏观性，包括反映总产出水平的指标 y_1，用地区生产总值表示；反映财政收入水平的指标 y_2，用地方财政一般预算性收入表示；反映城市集聚能力的指标 y_3，用实际直接利用外资金额表示。

4.3　城市公共基础设施经济效益评价

4.3.1　样本和数据来源

在以往对于城市公共基础设施经济效益的评价中，一些学者对于区域层面的城市（如某个地区范围内的若干个城市）进行了比较分析，另一些学者则进行了省际层面（如全国 31 个省市）的比较分析，前者的分析虽然基于城市层面，但同一区域内的若干城市在投入产出规模上具有较大差异，从而对评价结果产生一定影响；后者的研究对象则偏离了城市层面，同时也忽视了省际间的巨大差异。因此，本书选取全国 35 个大中城市作为评价单元，一方面符合对研究对象范围的要求，另一方面 35 个大中城市在基础设施投入产出方面的差异相对较小，更利于对其经济效益的客观比较。本书利用 35 个城市 2014 年的横截面数据为依据来考察其经济效益状况。相关指标数据取自《中国城市统计年鉴 −2015》《中国城市建设统计年鉴 2014》以及相关城市 2014 年国民经济和社会发展统计公报。

4.3.2　DEA交叉效率模型与CCR模型评价结果的对比分析

运用 DEA 交叉效率模型对城市公共基础设施经济效益进行评价，MATLAB 7.11.0 的计算结果如表 4−2 所示。

表 4−2　中国 35 个大中城市公共基础设施经济效益评价结果

	CCR		对抗型交叉效率模型		友好型交叉效率模型		中立性交叉效率模型	
	效率值	排名	效率值	排名	效率值	排名	效率值	排名
宁波	1.0000	1	0.7779	1	0.9678	2	0.9559	2
长沙	1.0000	1	0.7660	2	0.9752	1	0.9723	1
大连	1.0000	1	0.7610	3	0.9499	3	0.9431	3
深圳	1.0000	1	0.6511	5	0.8650	5	0.8551	4
上海	1.0000	1	0.6206	6	0.8351	7	0.8246	6
郑州	1.0000	1	0.6035	7	0.8428	6	0.8055	7
厦门	1.0000	1	0.5867	9	0.8057	10	0.7726	10
广州	1.0000	1	0.5569	10	0.8159	9	0.7867	9
天津	1.0000	1	0.5479	11	0.7692	11	0.7427	11
石家庄	1.0000	1	0.5361	12	0.7590	12	0.7237	13
呼和浩特	1.0000	1	0.4915	16	0.7564	13	0.7291	12
长春	1.0000	1	0.4540	19	0.7056	17	0.6774	17
北京	1.0000	1	0.4525	20	0.6890	19	0.6312	21
银川	1.0000	1	0.4482	21	0.7072	16	0.6903	16
哈尔滨	1.0000	1	0.4435	22	0.6774	20	0.6655	18
武汉	1.0000	1	0.3844	27	0.6163	24	0.5954	24
福州	0.9963	17	0.6591	4	0.8769	4	0.8474	5
青岛	0.9880	18	0.6016	8	0.8224	8	0.8004	8
南京	0.9365	19	0.4051	25	0.6325	23	0.606	23
南宁	0.9129	20	0.2940	30	0.4629	31	0.4449	31

	CCR		对抗型交叉效率模型		友好型交叉效率模型		中立性交叉效率模型	
	效率值	排名	效率值	排名	效率值	排名	效率值	排名
杭州	0.9077	21	0.5315	13	0.7268	15	0.7035	14
乌鲁木齐	0.8702	22	0.2870	31	0.5113	30	0.4649	30
西安	0.8682	23	0.4103	24	0.6085	25	0.5775	25
沈阳	0.8601	24	0.4840	18	0.6891	18	0.6594	19
济南	0.8524	25	0.5174	14	0.7304	14	0.7005	15
海口	0.7948	26	0.3671	29	0.5571	28	0.5421	27
合肥	0.7893	27	0.4920	15	0.6733	21	0.6465	20
成都	0.7710	28	0.4897	17	0.6524	22	0.6257	22
重庆	0.7600	29	0.3852	26	0.5604	27	0.5256	28
昆明	0.7290	30	0.3715	28	0.5385	29	0.5123	29
兰州	0.7178	31	0.2640	34	0.4451	32	0.4183	32
南昌	0.6930	32	0.4188	23	0.5645	26	0.5424	26
西宁	0.6040	33	0.2829	32	0.4290	33	0.4019	34
太原	0.6010	34	0.2688	33	0.4218	34	0.4082	33
贵阳	0.5428	35	0.2434	35	0.3711	35	0.3492	35
均值	0.8913	—	0.4816	—	0.6860	—	0.6614	—

如表 4-2 所示，运用 CCR 模型所产生的评价结果中出现了 16 个城市均为 DEA 有效的情况，其他城市表现为 DEA 无效。尽管 CCR 模型的评价结果能够将所有被评价单元粗略的划分为 DEA 有效和非 DEA 有效两个等级，但对于 DEA 有效的 16 个城市无法显示其相对优劣状况。与之相比，DEA 交叉效率模型的评价结果则很好地解决了这一问题。由表 4-2 可知，三组 DEA 交叉效率模型的评价结果中均不存在 DEA 有效（即评价值为 1）的单元，即使是表现最好的城市宁波，其评价结果在任一交叉评价方法下均未达到 1，说明其公共基础设施的投入产出比并非完全有效，仍存在进一步提升空间，这样的结果更符合各城市的实际情况。对三组 DEA 交叉效率模型评价结果的效率值进行比较可见，采用友好型交叉效率模型得到的各决策单元效率值较高，而采用对抗型交叉效率模型得到的效率值较低，采用中立性交叉效率模型得到的效率值介于二者之间，这与前人研

究 [111、114] 中所得出的结论是一致的。

另外，通过对各城市 CCR 模型效率值与交叉模型效率值的比较可见，一些在 CCR 评价中表现为 DEA 有效的城市，在交叉评价中的表现并不好，如北京、银川、哈尔滨等，在 CCR 评价中效率值为 1，而在交叉评价中效率值均较低，且低于平均效率值；相反，一些在 CCR 评价中为非 DEA 有效的城市，在交叉评价中却有很好表现，如福州、青岛，在 CCR 评价下为相对无效，排名次序仅为 17、18，而在交叉评价中效率值较高，排名上升至第 4、第 8。这种情况进一步表明，DEA 交叉效率评价模型能够很好地修正传统 CCR 模型评价结果的偏差，从而使结果更符合客观现实。因此，本书将采用 DEA 交叉效率模型得到的评价结果作为进一步分析的依据。

4.3.3　三种DEA交叉效率模型评价结果的一致性检验

很明显，尽管大多数决策单元在三种交叉模型评价结果中的排序是相同的，但仍存在少数决策单元三种排序不相同的情况。为科学验证三组评价结果的一致性，本书引入 Kendall's W 检验对各决策单元在三组评价结果中的排序是否具有一致性进行检验。当检验结果中 W 值越接近 1，P 值越小，则表明一致性越显著。对上述三组评价结果的检验结果显示，W 值为 0.990，χ^2 值为 100.940，P 值为 0.000，由此可以认为三组评价结果存在显著的一致性。

对三种模型评价结果的一致性检验表明，即使不考虑决策单元间的博弈关系，交叉效率评价模型仍可给出有效且可信的评价结果。通过对三组评价结果中效率均值的比较可知，友好型交叉效率模型、中立性交叉效率模型、对抗型交叉效率模型所得各样本的效率均值依次递减，由此可得出这样的结论：当决策单元间采取合作而非对抗的策略时，将有助于改善整体的效率状况。

4.3.4　中国35个大中城市公共基础设施经济效益状况的分类描述

进一步，根据三组交叉效率模型的评价结果将中国 35 个大中城市公共基础设施经济效益状况划分为优秀、良好、一般、较差和很差五种类别，分类依据如下：

设第 i 个城市在三组评价结果中的排序分别为 A_i、B_i、C_i，（$i=1$，2，$\cdots$，n），$M_i = (A_i+B_i+C_i)/3$ 表示第 i 个城市三组评价结果排序的均值，则有：

$$第\,i\,个城市 \in \begin{cases} I\ 类\quad 优秀 & M_i \leq 5 ; \\ II\ 类\quad 良好 & 5 < M_i \leq 10 ; \\ III\ 类\quad 一般 & 10 < M_i \leq 20 ; \\ IV\ 类\quad 较差 & 20 < M_i \leq 30 ; \\ V\ 类\quad 很差 & M_i > 30 \end{cases}$$

根据上述标准，得中国 35 个大中城市公共基础设施经济效益状况分类表，如表 4-3 所示。

表 4-3　中国 35 个大中城市公共基础设施经济效益状况分类表

I 类　优秀	II 类　良好	III 类　一般	IV 类　较差	V 类　很差
宁波、长沙、大连、深圳、福州	上海、郑州、厦门、广州、青岛	天津、石家庄、呼和浩特、长春、北京、银川、哈尔滨、杭州、沈阳、济南、合肥	武汉、南京、西安、海口、成都、重庆、昆明、南昌	南宁、乌鲁木齐、兰州、西宁、太原、贵阳

结合表 4-2 和表 4-3 进行分析，总体来看，中国 35 个大中城市公共基础设施经济效益总体状况并不理想，特别是交叉效率模型评价结果显示，35 个大中城市公共基础设施投入产出效率均值较低，即使是最为乐观的友好型交叉效率模型评价结果中效率均值也仅达到 0.6860，说明中国 35 个大中城市公共基础设施经济效益状况仍有待进一步改善。具体而言，宁波、长沙、大连、深圳、福州 5 个城市公共基础设施投入产出效率值较高，表明其公共基础设施经济效益状况较好。而南宁、乌鲁木齐、兰州、西宁、太原、贵阳 6 个城市公共基础设施投入产出效率值较低，说明这些城市公共基础设施对总产出的贡献并没有得到有效发挥，其公共基础设施的经济效益仍存在较大提升空间，亦即在现有公共基础设施资源投入情况下，这些城市应该得到更多的总产出。

进一步分析发现，中国 35 个大中城市公共基础设施经济效益状况呈现出明显的区域特征，具体来讲，属于东部地区 ① 的 16 个城市中，有 14 个城市公共基础设施经济效益较好（表现为一般及以上水平），只有南京和海口表现为较差；属于中西部地区的 19 个城市中，只有长沙、郑州、长春、合肥、呼和浩特、银川 6 个城市表现较好，其余 13 个城市公共基础设施经济效益均表现为较差和很差。这一结果表明，我国城市公共基础设施经济效益状况表现出明显的区域不平衡特点，具体呈现出东部高、中西部低的特征。由此可以得出这样的推断：城市公共基础设施经济效益状况与城市经济发展水平之间存在一定的正相关关系。

尽管对样本的选取已经考虑到城市间的可比性，但是 35 个人口规模较具可比性的大中城市在发展水平、发展模式上仍然存在较大差距。为了使各城市间的评价比较更具合理性和实践价值，本书根据城市发展级别 ② 将 35 个城市公共基础设施经济效益分类状况列示于表 4-4。

表 4-4　35 个大中城市公共基础设施经济效益状况分类表

城市等级	Ⅰ类优秀	Ⅱ类良好	Ⅲ类一般	Ⅳ类较差	Ⅴ类很差
一线城市	深圳	上海、广州	天津、北京		
二线发达城市	大连、宁波	厦门、青岛	杭州、济南	南京、重庆	
二线中等发达城市	长沙、福州	郑州、	石家庄、沈阳、长春、哈尔滨	武汉、成都、西安	太原
二线发展较弱城市			合肥	南昌、昆明	南宁
三线城市			呼和浩特、银川	海口	兰州、乌鲁木齐、贵阳、西宁

---

① 区域划分依据参考：中华人民共和国国家统计局 . 2012 年 1—9 月全国固定资产投资主要情况 . http://www.stats.gov.cn/tjsj/zxfb/201210/t20121018_12892.html，引用日期 2015-5-20

② 人民网 . 中国城市等级划分排行出炉你的城市是几线？http://house.people.com.cn/n/2014/0331/c164220-24783505.html 引用日期：2014-10-28

表 4-4 显示，从具体的城市来看，北京、天津、上海、广州、深圳 5 个一线城市公共基础设施经济效益状况整体并不乐观且表现良莠不齐，只有深圳表现为优秀，上海、广州表现为良好，天津、北京表现一般，这种状况与其一线城市的应有功能并不匹配。4 个直辖市中，除上海、北京、天津 3 个城市表现为良好和一般外，另一个直辖市重庆的表现也不理想，为较差，与直辖市的地位极不相符。与上述情况形成鲜明对比的是，一些二线城市公共基础设施经济效益状况较好，如长沙、福州，表现均为优秀，一些三线城市的表现也好于个别二线城市，如呼和浩特、银川表现一般，但好于南京、重庆。

4.4 城市公共基础设施经济效益的聚类分析

CCR 模型的一个优势在于，其可以通过投影分析，为非有效单元转变为有效单元提供改进方案：非有效单元的改进目标是有效单元的线性组合。而交叉效率模型在解决这一问题时存在缺陷，一个根本原因在于交叉效率模型评价中并不存在完全有效的决策单元，从而无法为其他决策单元的投影提供一个可靠的标杆。但是，CCR 模型的投影分析同样忽略了这样一个现实，即由于被评价单元在资源禀赋、经济规模、发展水平以及其他一些客观因素方面存在差异，导致其投入规模、结构也存在很大差异，对于与有效决策单元存在巨大差异的非有效单元而言，短时间内调整投入数量和结构使其达到有效是不现实的。对此，一些研究 [120-121] 提出采用聚类分析方法，根据投入指标对被评价单元进行分类，将具有相同规模投入的决策单元归为一类，每一类中以效率值最高的决策单元作为其他决策单元调整投入水平的标杆。

上文中的分析表明，35 个大中城市公共基础设施经济效益的优劣程度具有很鲜明的区域特征，说明经济水平对于城市公共基础设施经济效益状况存在不容忽视的影响。同时，通过对原始数据的观察发现，在公共基础设施投入指标方面，确实存在明显的区域差异。因此，本书将采用聚类分析方法首先根据投入指标将中国 35 个大中城市划分为公共基础设施投入水平相当的若干组，将每组中效率值最高的城市作为该组中其他城市改进公共基础设施经济效益的标杆城市。考虑到研究样本的数量较多，为避免同组内城市之间投入规模差距过大，使得低效率城市向高效率城市的学习存在困难，本书将 35 个大中城市分为投入状况分别相似的四个组，如表 4-5 所示。

表 4-5　中国 35 个大中城市公共基础设施投入聚类表

一组	二组	三组	四组
北京、上海、重庆	天津、南京、武汉、广州、深圳、成都	石家庄、太原、沈阳、大连、长春、哈尔滨、杭州、合肥、济南、青岛、郑州、长沙、昆明、西安、乌鲁木齐	呼和浩特、宁波、福州、厦门、南昌、南宁、海口、贵阳、兰州、西宁、银川

由表 4-5 可知，聚类分析的结果将 35 个大中城市分为投入规模相异的四个组，每组中包含公共基础设施经济效益不同的若干城市，为使各组中标杆城市的选择更为直观，将城市分组及效益评价状况列示如表 4-6。

由表 4-6 可见，投入规模相似的各组中不同城市公共基础设施经济效益状况存在显著差异，这为标杆城市的选择以及其他城市公共基础设施经济效益的改善提供了可能。传统分析认为，导致决策单元无效的原因可归结为投入规模与投入结构的扭曲，那么对于投入规模相似的各决策单元来说，导致其效率差异的最可能原因就必然是投入结构的不合理。对于投入产出相对低效的城市，调节投入结构就成为第一要务。在第一组中，北京、上海、重庆 3 个城市的公共基础设施投入规模相似，而上海的产出效率要显著优于北京和重庆，以上海为标杆，对北京和重庆公共基础设施投入结构进行调整将有助于这两个城市总产出水平的提高。在第二组至第四组中，深圳、长沙和宁波可以被选择为各组的标杆城市，作为同组中其他城市调整基础设施投入结构的标准。

表 4-6　基于投入规模分组的 35 个城市公共基础设施经济效益评价结果（2014 年）

城市	第一组 对抗型 效率值	排名	友好型 效率值	排名	中立型 效率值	排名	城市	第二组 对抗型 效率值	排名	友好型 效率值	排名	中立型 效率值	排名
上海	0.6206	6	0.8351	7	0.8246	6	深圳	0.6511	5	0.8650	5	0.8551	4
北京	0.4525	20	0.6890	19	0.6312	21	广州	0.5569	10	0.8159	9	0.7867	9
重庆	0.3852	26	0.5604	27	0.5256	28	天津	0.5479	11	0.7692	11	0.7427	11

城市	第三组 对抗型 效率值	排名	友好型 效率值	排名	中立型 效率值	排名	武汉	0.3844	27	0.6163	24	0.5954	24
							南京	0.4051	25	0.6325	23	0.6060	23
长沙	0.7660	2	0.9752	1	0.9723	1	成都	0.4897	17	0.6524	22	0.6257	22

城市	对抗型 效率值	排名	友好型 效率值	排名	中立型 效率值	排名	城市	第四组 对抗型 效率值	排名	友好型 效率值	排名	中立型 效率值	排名
大连	0.7610	3	0.9499	3	0.9431	3							
郑州	0.6035	7	0.8428	6	0.8055	7	宁波	0.7779	1	0.9678	2	0.9559	2
青岛	0.6016	8	0.8224	8	0.8004	8	福州	0.6591	4	0.8769	4	0.8474	5
石家庄	0.5361	12	0.7590	12	0.7237	13	厦门	0.5867	9	0.8057	10	0.7726	10
杭州	0.5315	13	0.7268	15	0.7035	14	呼和浩特	0.4915	16	0.7564	13	0.7291	12
济南	0.5174	14	0.7304	14	0.7005	15	银川	0.4482	21	0.7072	16	0.6903	16
合肥	0.4920	15	0.6733	21	0.6465	20	南昌	0.4188	23	0.5645	28	0.5424	26
沈阳	0.4840	16	0.6891	18	0.6594	19	海口	0.3671	29	0.5571	28	0.5421	27
长春	0.4540	19	0.7056	17	0.6774	17	南宁	0.2940	30	0.4629	31	0.4449	31
哈尔滨	0.4435	22	0.6774	20	0.6655	18	西宁	0.2829	32	0.4290	33	0.4019	34
西安	0.4103	24	0.6085	25	0.5775	25	兰州	0.2640	34	0.4451	32	0.4183	32
昆明	0.3715	28	0.5385	29	0.5123	29	贵阳	0.2434	35	0.3711	35	0.3492	35
乌鲁木齐	0.2870	31	0.5113	30	0.4649	30							
太原	0.2688	33	0.4218	34	0.4082	33							

　　结合原始投入数据的分析表明，表 4-6 中列示的各组别的公共基础设施投入规模基本遵从从第一组到第四组递减的趋势，这基本上与人们的主观判断一致，即我国城市公共基础设施投入规模大致遵循从一线城市到三线城市、从东南沿海到西北内陆依次递减的规律。但对 35 个城市公共基础设施经济效益的评价则表明，城市公共基础设施的投入产出效率并不必然与投入规模成正比。具体而言，在投入规模相对较小的组别中存在若干城市，其公共基础设施经济效益状况要明显优于投入规模较大组别中的多数城市。比如第二组中的深圳，经济效益状况排名优于第一组中的 3 个城市。尤其在第三组和第四组中，有 4 个城市（长沙、大连、宁波、福州）

公共基础设施经济效益状况排序在前五名，明显优于前两组中投入规模相对较大的一些城市。

4.5　城市公共基础设施经济效益的动态分析

城市公共基础设施经济效益的发挥是一个持续的过程，为了考察城市公共基础设施经济效益动态变化情况，本书运用对抗型交叉效率模型对 2008-2014 年中国 35 个大中城市公共基础设施经济效益状况进行了评价，结果如表 4-7 所示。

表 4-7　35 个大中城市公共基础设施经济效益评价结果（2008-2014 年）

	2008 年		2009 年		2010 年		2011 年		2012 年		2013 年		2014 年	
	效率值	排名	效率值	排名	效率值	排名	效率值	排名	效率值	排名	效率值	排名	效率值	排名
北京	0.4289	16	0.4180	18	0.4794	16	0.5139	13	0.4197	21	0.3779	23	0.4525	20
天津	0.4158	17	0.4843	14	0.4711	19	0.4664	16	0.4776	17	0.4753	15	0.5479	11
石家庄	0.5355	7	0.3896	21	0.4516	20	0.4419	17	0.5708	8	0.5104	11	0.5361	12
太原	0.4139	19	0.2841	28	0.2880	31	0.2572	30	0.3435	29	0.2427	30	0.2688	33
呼和浩特	0.6125	4	0.7317	3	0.6696	3	0.3484	23	0.5925	7	0.5581	8	0.4915	16
沈阳	0.5035	8	0.5210	10	0.5118	12	0.3999	20	0.5440	10	0.5724	6	0.4840	18
大连	0.7227	2	0.7454	1	0.7287	2	0.8287	1	0.7778	1	0.7559	1	0.7610	3
长春	0.4841	12	0.3893	22	0.3873	23	0.3423	25	0.4418	18	0.4014	21	0.4540	19
哈尔滨	0.3505	23	0.4084	19	0.3906	22	0.1594	34	0.3798	25	0.3923	22	0.4435	22
上海	0.4684	13	0.5229	9	0.5844	7	0.6365	4	0.5474	9	0.5537	9	0.6206	6
南京	0.3903	21	0.4451	16	0.4381	21	0.5087	14	0.4289	20	0.3500	26	0.4051	25
杭州	0.5002	9	0.5785	5	0.6155	4	0.5670	7	0.5409	11	0.4957	13	0.5315	13
宁波	0.7729	1	0.7397	2	0.7994	1	0.7580	2	0.7596	2	0.7121	3	0.7779	1
合肥	0.4149	18	0.4048	20	0.5247	11	0.4104	19	0.4806	16	0.4346	16	0.4920	15
福州	0.4881	11	0.5208	11	0.5305	10	0.5194	12	0.5979	6	0.5819	5	0.6591	4
厦门	0.4549	14	0.5136	12	0.5656	9	0.5636	8	0.4816	15	0.5029	12	0.5867	9
南昌	0.4301	15	0.5084	13	0.4924	15	0.3445	24	0.3526	26	0.4161	20	0.4188	23
济南	0.4898	10	0.4431	17	0.4926	14	0.3722	21	0.4395	19	0.4253	18	0.5174	14
青岛	0.6395	3	0.5871	4	0.5773	8	0.5387	9	0.5384	12	0.5594	7	0.6016	8

	2008 年		2009 年		2010 年		2011 年		2012 年		2013 年		2014 年	
	效率值	排名	效率值	排名	效率值	排名	效率值	排名	效率值	排名	效率值	排名	效率值	排名
郑州	0.5640	5	0.5423	8	0.6045	6	0.5893	6	0.6162	5	0.5877	4	0.6035	7
武汉	0.2921	27	0.3131	24	0.2975	30	0.3493	22	0.3522	27	0.4295	17	0.3844	27
长沙	0.3986	20	0.4481	15	0.4974	13	0.4927	15	0.7307	4	0.7308	2	0.7660	2
广州	0.3162	24	0.5509	6	0.4718	18	0.5325	10	0.5249	13	0.4824	14	0.5569	10
深圳	0.5592	6	0.5508	7	0.6087	5	0.6021	5	0.7424	3	0.5264	10	0.6511	5
南宁	0.3075	25	0.2647	31	0.2694	33	0.2626	28	0.2910	30	0.2645	28	0.2940	30
海口	0.2472	32	0.2358	33	0.2818	32	0.1464	35	0.2273	34	0.3408	27	0.3671	29
重庆	0.2508	31	0.2938	27	0.3695	24	0.5308	11	0.3844	23	0.3716	24	0.3852	26
成都	0.3529	22	0.3595	23	0.4757	17	0.4237	18	0.5095	14	0.2196	31	0.4897	17
贵阳	0.2152	35	0.2049	35	0.2290	35	0.2412	31	0.2640	33	0.1440	35	0.2434	35
昆明	0.3062	26	0.2634	32	0.3046	26	0.7215	3	0.3511	28	0.1926	34	0.3715	28
西安	0.2755	28	0.3033	26	0.3322	25	0.2942	27	0.3807	26	0.3528	25	0.4103	24
兰州	0.2518	30	0.2683	30	0.2989	29	0.2358	32	0.2671	32	0.2108	32	0.2640	34
西宁	0.2233	34	0.3039	25	0.2495	34	0.1663	33	0.1913	35	0.1993	33	0.2829	32
银川	0.2380	33	0.2803	29	0.3014	27	0.3165	26	0.4167	22	0.4222	19	0.4482	21
乌鲁木齐	0.2698	29	0.2307	34	0.3002	28	0.2620	29	0.2703	31	0.2468	29	0.2870	31
均值	0.4167	–	0.4300	–	0.4540	–	0.4327	–	0.4638	–	0.4312	–	0.4816	–
极差	0.5577	–	0.5405	–	0.5704	–	0.6823	–	0.5856	–	0.6119	–	0.5354	–

4.5.1　城市公共基础设施经济效益变化趋势分析

由表 4-7 可知，2008—2014 年，中国 35 个大中城市公共基础设施经济效益总体状况不佳，各年份效率均值较低，即使均值最高的 2014 年也仅达到 0.4816。从变化趋势来看，2008—2014 年的 7 年间，中国城市公共基础设施经济效益整体状况呈波动上升趋势，但改善迹象不显著。

从具体城市来看，5 个一线城市中，除深圳市历年表现较好且排名变化不大外，其余 4 个城市表现均不理想。其中，上海市的排名虽然较靠前，但波动趋势明显；广州市的排名整体呈明显上升趋势，但除 2009 年外，历年名次均不理想；天津市和北京市历年排名较靠后，并且北京市的排名出现了明显的下降趋势。另一个直辖市重庆的排名情况也不乐观，在考察的 7 个年份中，有 6 个年份排在 20 名以后。表现较好的城市大多为二线城市。其中，大连和宁波两个城市表现最好，在考察的 7 个年份中一直保持前三名；郑州、青岛两个城市历年排名均较理想；另外，长沙和福州两个城市在考察期间表现出强劲的上升趋势。三线城市中，呼和浩特表现最好，历年排名较靠前，但波动明显；贵阳市的表现最不理想，在考察的 7 个年份中排名全部在 30 名以后。总体来看，各城市间的差异有逐渐拉大的趋势。

4.5.2 分区域城市公共基础设施经济效益变化趋势分析

考虑到中国区域不平衡发展的客观状况，各区域基础设施发展水平和速度不同，因此，有必要对中国 35 个大中城市经济效益变化状况进行分区域考察，如表 4-8 所示。

表 4-8 35 个大中城市公共基础设施经济效益分区域评价结果（2008-2014 年）

区域	2008 年		2009 年		2010 年		2011 年		2012 年		2013 年		2014 年	
	效率值	排名	效率值	排名	效率值	排名	效率值	排名	效率值	排名	效率值	排名	效率值	排名
东部	0.4958	12.13	0.5154	11.63	0.5380	12.38	0.5247	12.13	0.5387	12.56	0.5139	12.50	0.5660	11.75
中部	0.4399	15.70	0.4510	15.66	0.4718	16.21	0.4215	17.95	0.4868	16.54	0.4544	16.50	0.4789	18.50
西部	0.3393	23.73	0.3605	23.17	0.3852	22.58	0.3750	21.62	0.4036	22.35	0.2893	27.09	0.3607	26.73
均值	0.4167	—	0.4300	—	0.4540	—	0.4327	—	0.4638	—	0.4312	—	0.4816	—

结果显示，2008-2014 年，东部地区城市公共基础设施经济效益状况最好，且表现出总体上升的趋势；西部地区城市公共基础设施经济效益状况最差，且改善趋势不明显；中部地区城市公共基础设施经济效益状况介于两者之间。这种情况进一步表明，城市公共基础设施经济效益状况与经济发展水平之间存在显著的正相关关系。从总体趋势来看，2008-2014 年，各区域公共基础设施经

济效益状况均有所上升。从名次的变化情况来看，与 2008 年相比，2014 年中西部地区的整体位次出现小幅度下降，而东部地区整体位次出现小幅度上升，说明 2008—2014 年，东部地区城市公共基础设施经济效益的总体改善程度要略优于中西部地区。

4.6　城市公共基础设施经济效益的影响因素分析

城市公共基础设施效益的发挥既是城市公共基础设施部门投入产出的结果，同时也受到城市经济、社会、发展环境等各种因素的影响。通过以上的实证研究，本书对影响城市公共基础设施经济效益发挥的因素进行总结和分析，以此作为提升城市公共基础设施经济效益的着力点。

4.6.1　投入产出规模

城市公共基础设施部门投入劳动、资本以及设施设备进行生产经营活动，为全社会提供公共产品和服务。运用投入产出分析方法对城市公共基础设施效益进行评价，投入与产出的规模是影响评价结果的重要因素。投入规模相同，产出规模大则效益高；产出规模相同，投入规模小则效益高。在对中国 35 个大中城市的实证分析中，一些产出规模较大的城市，公共基础设施效益状况一般。如北京、天津两个城市，2014 年两市 GDP 在主要城市中的排名分别是第二和第五，但是，两市 2014 年城市公共基础设施经济效益排名分别为第 20 和第 11。这种状况说明，对于一些集聚能力较强、发展速度较快的特大型城市，由于人口膨胀、社会经济活动频繁，对城市公共基础设施的需求较大。而基础设施的供给由于受到空间和技术的限制，已经接近供给极限，无法继续增长。因此，这些城市的公共基础设施会表现为一种相对不足，从而限制了效益的发挥。

4.6.2　城市公共基础设施投入结构

对中国 35 个大中城市的聚类分析表明，一些投入规模相似的城市，其公共基础设施经济效益存在显著差异。这种状况表明，除投入产出规模外，投入结构也是影响城市公共基础设施经济效益的重要因素。城市公共基础设施是一个有机系统，各子系统的协调运行是提高其运行效益的关键。中国 35 个大中城市发展条件各异，对城市公共基础设施的需求结构不同，在有限资金和空间的约束下，必然会产生投入结构的差异。虽然各城市的基础设施投入结构能够满足局部发展需求，也可实现短期经济效益，但从全局和长期的角度考虑，逐渐调整基础设施投入结构，促进基础设施系统的协调运行，是改善城市公共基础设施整体效益和长期效益的重要途径。

4.6.3　城市发展水平

城市发展水平是影响基础设施投入规模和结构的重要因素，从而在城市公共基础设施经济效益的发挥中具有决定性作用。经济发展水平较高的城市能够投入更多的资源进行基础设施建设和运营管理，基础设施的结构调整也具有更优越的条件（如资金的限制相对较小），从而提供的基础设施数量和结构都更加合理，客观上有助于城市公共基础设施经济效益的发挥。但是，实证分析表明，对于发展水平相似的城市，公共基础设施经济效益状况也存在差异。产生这种情况的原因主要是，发展水平相似的城市发展模式不同，从而对城市公共基础设施的投入规模和结构产生不同需求。本书的实证研究没有对城市的发展模式进行有效区分，从而忽略了这种发展模式对城市公共基础设施经济效益的影响，应该在未来的研究中进行深入探索。

4.6.4　宏观经济形势

城市公共基础设施建设是宏观调控的重要领域，宏观经济形势的变化会引起城市公共基础设施投资建设和运营管理政策的变化，从而对城市公共基础设施经济效益产生影响。例如，在国家区域平衡发展战略、科学发展观及经济周期等因素的作用下，一些城市的公共基础设施投入规模快速增长，城市公共基础设施中的生态环境类基础设施投入增长，一些与经济增长关系密切的公共基础设施建设加速，这些变化都会导致城市公共基础设施在投入规模、投入结构方面的差异，也会导致公共基础设施的区域差异，从而影响城市公共基础设施经济效益的发挥。

4.6.5　公共管理水平

城市公共基础设施是重要的公共决策领域，因此，政府的科学决策水平是影响城市公共基础设施经济效益发挥的重要因素。城市公共基础设施的投入规模和结构是公共决策的直接结果，城市公共基础设施的产出水平与运营管理效率相关。公共部门对于城市公共基础设施的决策和管理需要科学的依据和有效的工具，才能实现城市公共基础设施经济效益的改进目标。本书对城市公共基础设施经济效益的评价为城市公共基础设施决策提供了有力的实证支撑，配合科学的管理工具，能够提高公共决策部门的公共管理水平，从而有助于提高城市公共基础设施的经济效益。

4.7　本章小结

本章在对城市公共基础设施经济效益作用机制进行深入分析的基础上，建立了一套包含 8 个投入指标和 3 个产出指标在内的城市公共基础设施经济效益评价指标体系，并以中国 35 个大中城市为样本，运用 DEA 交叉效率模型对城市公共基础设施经济效益状况进行了分析。分析结果表明，35 个大中城市公共基础设施经济效益状况仍有待进一步提高，特别是一些一线城市公共基础设施经济效益状况表现不佳。基于聚类分析的评价结果显示，城市公共基础设施经济效益与投入规模之间不存在必然的正相关关系。对城市公共基础设施经济效益动态变化趋势的考察表明，在 2008-2014 年，35 个大中城市公共基础设施经济效益状况无明显改善趋势。分区域的动态分析显示，城市公共基础设施经济效益与经济发展水平之间呈现出明显的正相关关系。通过实证研究，进一步对影响城市公共基础设施经济效益的因素进行了总结分析。

第5章　城市公共基础设施社会效益评价

5.1 城市公共基础设施社会效益及其作用机制

5.1.1 城市公共基础设施社会效益的界定

城市公共基础设施部门在运营过程中，投入劳动、资本以及其他有形设施和设备进行生产和提供服务，为企业生产和居民生活提供中间产品或最终消费品，除了以费用补偿的方式取得本部门的收入之外，更通过提高劳动生产率、降低交易成本等方式带来社会总产出的增加，进而提高国民收入和居民生活质量，这是一种明显的福利效应。社会效益是指一项工程对就业、增加收入、提高生活水平等社会福利方面所作各种贡献的总称[122]，是从全社会宏观角度来考察效果和利益。因此，本书将城市公共基础设施社会效益定义为城市公共基础设施对促进就业、增加收入、提高生活水平等社会福利所做的各种贡献，反映了基础设施部门资源利用、劳动消耗与全社会发展有益成果之间的对比关系。

按扩散途径不同，城市公共基础设施社会效益可分为开发效益、波及效益、传递效益和潜在效益。开发效益是指城市公共基础设施促进城市发展，导致城市集聚能力增强，引起土地增值、旅游资源增值等。波及效益是指城市公共基础设施导致城市区位优势增加，竞争力增强。传递效益指基础设施带动其他部门发展，并进一步引致对相关产业的需求，从而起到促进区域经济加速发展的效果。潜在效益是一种无形社会效益，包括社会交往效率的提高、思想观念的转变、开放程度的提高等。按作用的时间不同，城市公共基础设施社会效益可分为同步效益和延迟效益。同步效益指基础设施项目建设期内产生的效益，周期短，与基础设施项目高度关联。延迟效益指基础设施运营过程中仍不断产生社会效益。

5.1.2　城市公共基础设施社会效益的特点

（1）宏观性。社会效益与经济效益相互交织，难以明确区分。城市公共基础设施部门作为中间投入品对其他生产部门的溢出效应要远远大于公共基础设施部门本身所产生的经济效益。因此，在考察城市公共基础设施的社会效益时应从更加宏观的角度出发，考察全社会由此产生的效益，而非仅仅考察基础设施部门本身的微观效益。

（2）间接性。城市公共基础设施社会效益的产生是通过其与国民经济各部门和社会生产各环节之间的技术经济联系和相互作用来实现的，这其中更多地表现为间接效益[123]。城市公共基础设施的公共产品属性，决定了其具有很强的外部性特征。城市公共基础设施建设和运营的最终目的不是为了实现本部门的效益，而是为城市其他部门的生产经营活动提供条件。因而，城市公共基础设施的社会效益不能仅仅以本部门的经营成果来考察，还要考虑到由其作为中间投入品而导致其他社会部门所产生的社会效益的改善。

（3）复杂性。城市公共基础设施社会效益的复杂性主要体现在两个方面，一是城市公共基础设施社会效益作用机制的复杂性。如前所述，城市公共基础设施作为城市生产生活的基础性条件而广泛地参与到城市经济活动的各个环节当中，与不同经济部门之间的联系机制不同，因此产生的外部社会效益的作用途径也是不同的，即使是单个部门与城市公共基础设施之间的相互作用关系也是极其复杂的。二是城市公共基础设施社会效益量化考察的复杂性。由于城市公共基础设施社会效益更多地体现为一种间接效益，一方面，对城市公共基础设施部门自身社会效益（体现在该部门的经营成果中）的考察并不能完全反映其产生的所有社会效益；另一方面，由城市公共基础部门作为中间投入品而导致的其他生产部门社会效益的改善无法从这些部门的经营成果中分离出来。因此，对城市公共基础设施社会效益全面、系统的量化考察是一个十分复杂的工程。

（4）滞后性。城市公共基础设施在建设期和运营期所产生的直接社会效益能够在当期显现，比如，基础设施建设对劳动力的需求和运营期对技术、管理人员的需求导致了就业率的上升，但建设期所产生的一些间接社会效益，比如某些技术发明对社会进步的影响，以及在基础设施运营过程中所产生的间接社会效益，比如基础设施建设对整个城市人口素质的提升等，是无法在短期内表现出来的，或表现不明显，因而体现为很强的滞后性。

（5）区域性。城市公共基础设施本身具有区域特点，表现为区域内的公共基础设施通常仅服务于区域内经济的发展。因此，公共基础设施的社会效益也表现出区域性的特征，即特定区域内的公共基础设施往往仅与区域内社会经济发展表现出强相关性。

5.1.3 城市公共基础设施社会效益的作用机制

城市公共基础设施社会效益的发挥主要通过以下途径实现：

5.1.3.1 收入效应

城市公共基础设施作为城市生产经营活动的前提，为其他社会部门的生产经营活动提供条件或中间产品，导致了全社会生产效率的提高。也就是说，公共基础设施部门的投入不仅带来了本部门的收益，更间接地为其他社会部门的收益作出贡献，因而表现为整个社会总产出的增加。社会总产出的增加也就是国民收入的增加，而国民收入的增加直接表现为居民收入的增长和生活水平的提高。

5.1.3.2 就业效应

城市公共基础设施促进就业的作用表现在三个方面，首先，城市公共基础设施部门的经营管理活动需要直接的工作人员，所以，公共基础设施的运营本身创造了新的就业；其次，城市公共基础设施的运营，带动了相关产业的发展，包括直接相关的设施设备生产行业以及间接相关的房地产行业等，这些产业的发展同样创造了大量的就业机会；最后，城市公共基础设施作为市场的"润滑剂"，起到了降低交易成本的作用，为结构性失业和摩擦性失业的劳动者提供了更为便捷的再就业条件，从而提高了再就业率。

5.1.3.3　减贫效应

一方面城市公共基础设施对经济增长的影响通过涓滴效应提高了低收入者的收入水平，另一方面城市公共基础设施的建设和运营提高了农村居民收入水平。城市公共基础设施的建设和运营改善了城市就业条件，同时为人口流动提供了便利。加快了农村剩余劳动力的转移，提高农村收入水平。同时，某些涉及农业生产和流通环节的基础设施的建设和运营，为农产品的流通和增值提供了条件，也有助于农村居民收入水平的提高。因为我国贫困人口大部分集中在农村，按照国际通行规则，对贫困人口的判断标准主要是人均可支配收入。因此，农村人口收入水平的提高意味着贫困人口的减少。

5.1.3.4　潜在效应

城市公共基础设施的社会效益不仅表现在增加就业、提高收入等经济成效方面，还在于能够提高城市的软实力。一方面，良好的城市公共基础设施及其服务改善了居民的社会生活方式，提升了人们的思想观念，提高了人们的思想素质，从而表现为人的全面发展；另一方面，良好的城市公共基础设施及其服务提升了城市的承载力，表现为一种品牌效应，从而为城市的集聚提供条件。

5.2　城市公共基础设施社会效益评价指标体系的构建

本书从投入－产出的角度对城市公共基础设施社会效益进行考察，选择的指标力求全面反映城市公共基础设施的投入水平及其对社会发展所产生的有益成果。综合借鉴前人研究成果中有关城市基础设施发展水平评价[78、124]和基础设施社会效益分析[125-128]的指标，结合本书实证方法的适用性及数据的可得性，建立城市公共基础设施社会效益评价指标体系，如表5-1。

表 5-1　城市公共基础设施社会效益评价指标体系

投入指标		产出指标	
指标	名称	指标	名称
公共基础设施固定资产投资（x_1）	城市市政公用设施固定资产投资额	社会总产出（y_1）	地区生产总值
基础设施部门从业人员（x_2）	基础设施相关行业从业人员数	社会总就业量（y_2）	年末单位从业人员数
能源动力设施存量（x_3）	供气管道长度	农村居民收入（y_3）	农村居民人均纯收入
水资源和供排水设施存量（x_4）	供水管道长度	人口素质（y_4）	普通高等学校在校生数
交通运输设施存量（x_5）	年末实有城市道路面积		
邮电通信设施存量（x_6）	年末邮政局数		
生态环境设施存量（x_7）	市容环卫专用车辆设备总数		
防减灾设施存量（x_8）	医院、卫生院床位数		

如表 5-1 所示，在城市公共基础设施社会效益评价指标体系中，投入指标由三部分组成：反映基础设施部门资本投入的指标 x_1，用城市市政公用设施固定资产投资额表示；反映基础设施部门劳动投入的指标 x_2，用公共基础设施相关部门从业人员数表示；反映基础设施部门存量设施投入的指标 x_3-x_8，分别用城市公共供气管道长度、供水管道长度、城市道路面积、邮政局数量、市容环卫专用车辆设备总数、医院床位数表示。产出指标的选取综合考虑了城市公共基础设施发挥社会效益的不同途径以及衡量社会发展水平的相关标准，包括反映国民收入总体状况的指标 y_1；反映全社会就业状况的指标 y_2；反映低收入者收入状况的指标 y_3；反映人口素质的指标 y_4。

5.3 城市公共基础设施社会效益评价

5.3.1 样本和数据来源

考虑到样本间的可比性，本书选取全国 35 个大中城市作为评价单元，利用 35 个城市 2008-2014 年的面板数据来考察其社会效益状况。相关指标数据取自相应年份《中国城市统计年鉴》《中国城市建设统计年鉴》《中国区域经济统计年鉴》，以及相关城市历年国民经济和社会发展统计公报。

5.3.2 DEA交叉效率模型与CCR模型评价结果的对比分析

运用 DEA 交叉效率模型和 2014 年的截面数据对城市公共基础设施社会效益进行评价，结果如表 5-2 所示。

表 5-2 中国 35 个大中城市公共基础设施社会效益评价结果

	CCR		对抗型交叉效率模型		友好型交叉效率模型		中立性交叉效率模型	
	效率值	排名	效率值	排名	效率值	排名	效率值	排名
长沙	1.0000	1	0.6210	1	0.9773	2	0.9702	1
福州	1.0000	1	0.6029	2	0.9795	1	0.9568	2
郑州	1.0000	1	0.5467	3	0.9570	4	0.9309	4
海口	1.0000	1	0.5305	4	0.9647	3	0.9342	3
南昌	1.0000	1	0.5238	5	0.9529	6	0.9025	6
济南	1.0000	1	0.5199	6	0.9349	8	0.9047	5
合肥	1.0000	1	0.4944	7	0.8838	16	0.8330	14
宁波	1.0000	1	0.4589	8	0.9564	5	0.8847	8
厦门	1.0000	1	0.4561	9	0.9369	7	0.8738	10
石家庄	1.0000	1	0.4545	10	0.8640	19	0.8141	17
广州	1.0000	1	0.4482	11	0.9341	9	0.8973	7
杭州	1.0000	1	0.4463	12	0.9000	13	0.8207	15
银川	1.0000	1	0.4285	13	0.9186	11	0.8826	9
西安	1.0000	1	0.4240	14	0.8784	17	0.8089	18

续表

	CCR		对抗型交叉效率模型		友好型交叉效率模型		中立性交叉效率模型	
	效率值	排名	效率值	排名	效率值	排名	效率值	排名
大连	1.0000	1	0.4208	15	0.8889	15	0.7570	21
呼和浩特	1.0000	1	0.4071	16	0.8985	14	0.8465	12
兰州	1.0000	1	0.3956	17	0.9061	12	0.8492	11
南京	1.0000	1	0.3700	19	0.8492	20	0.8156	16
深圳	1.0000	1	0.3674	20	0.9321	10	0.8384	13
哈尔滨	1.0000	1	0.3603	21	0.8187	24	0.7894	19
西宁	1.0000	1	0.3552	22	0.7962	25	0.6821	27
南宁	1.0000	1	0.3480	23	0.7434	30	0.7182	24
长春	1.0000	1	0.3257	27	0.8189	23	0.7742	20
重庆	1.0000	1	0.3096	28	0.8778	18	0.6384	31
武汉	1.0000	1	0.3034	30	0.7958	26	0.7428	22
上海	1.0000	1	0.2950	31	0.8327	21	0.6917	26
天津	1.0000	1	0.2596	33	0.7265	31	0.6266	33
北京	1.0000	1	0.2429	34	0.7762	28	0.6616	29
青岛	0.9852	29	0.3384	25	0.8217	22	0.7179	25
太原	0.9768	30	0.3042	29	0.7888	27	0.7263	23
贵阳	0.9215	31	0.2858	32	0.7218	32	0.6537	30
成都	0.8599	32	0.3778	18	0.7461	29	0.6757	28
沈阳	0.8078	33	0.3416	24	0.6930	33	0.6269	32
昆明	0.7217	34	0.3364	26	0.6298	34	0.5831	34
乌鲁木齐	0.7036	35	0.2102	35	0.5488	35	0.5066	35
均值	0.9708	—	0.3974	—	0.8471	—	0.7810	

如表 5-2 所示，运用 CCR 模型所产生的评价结果中出现了 28 个城市均为 DEA 有效的情况，其他城市表现为 DEA 无效。尽管 CCR 模型的评价结果能够将所有被评价单元粗略的划分为 DEA 有效和非 DEA 有效两个等级，但对于 DEA 有效的 28 个城市无法显示其相对优劣状况。与之相比，DEA 交叉效率模型的评价结果则很好地解决了这一问题。由表 5-2 可知，三组交叉效率模型的评价结果中均不存在 DEA 有效（即评价值为 1）的单元，即使是表现最好的城市长沙，其评价结果

在任一交叉评价方法下均未达到 1，说明其公共基础设施的投入产出比并非完全有效，仍存在进一步提升空间，这样的结果更符合各城市的实际情况。对三组交叉效率模型评价结果的效率值进行比较可见，采用友好型交叉效率模型得到的各决策单元效率值较高，而采用对抗型交叉效率模型得到的效率值较低，采用中立性交叉效率模型得到的效率值介于二者之间。

另外，通过对各城市 CCR 模型效率值与交叉模型效率值的比较可见，一些在 CCR 评价中表现为 DEA 有效的城市，在交叉评价中的表现并不好，如上海、天津、北京等，在 CCR 评价中效率值为 1，而在交叉评价中效率值均较低，全部低于平均效率值；相反，一些在 CCR 评价中为非 DEA 有效的城市，在交叉评价中却有很好表现，如成都，在 CCR 评价下为相对无效，排名次序为 32，而在交叉评价中效率值较高，排名上升至第 18 名。这种情况进一步表明，DEA 交叉效率评价模型能够很好地修正传统 CCR 模型评价结果的偏差，从而使结果更符合客观现实。因此，本书将采用 DEA 交叉效率模型得到的评价结果作为进一步分析的依据。

5.3.3 三种DEA交叉效率模型评价结果的一致性检验

表 5-2 显示，在三组交叉效率评价模型下，部分城市的评价结果具有显著差异，如合肥，在对抗型交叉效率模型下的评价结果为第 7 名，而在友好型交叉效率模型和中立性交叉效率模型下的评价结果为第 16 名和第 14 名。为科学验证三组评价结果的一致性，仍然使用 Kendall's W 检验对各决策单元在三组评价结果中的排序是否具有一致性进行检验。检验结果显示，W 值为 0.933，χ^2 值为 95.137，P 值为 0.000，尽管，与第 4 章中的检验结果相比，三组模型下城市公共基础设施社会效益的评价结果一致性较弱，但仍具有显著的一致性。

对三种模型评价结果的一致性检验表明，即使不考虑决策单元间的博弈关系，交叉效率评价模型仍可给出有效且可信的评价结果。但另一方面，通过对三组评价结果中效率均值的比较，可以得出这样的推断：当决策单元间采取合作而非对抗的策略时，将有助于改善整体的效率状况。

5.3.4　中国35个大中城市公共基础设施社会效益状况的分类描述

进一步，根据三组交叉效率模型的评价结果将中国 35 个大中城市公共基础设施社会效益状况划分为优秀、良好、一般、较差和很差五种类别，分类依据如下：

设第 i 个城市在三组评价结果中的排序分别为 A_i、B_i、C_i，（$i=1$，2，$\cdots$，n），$M_i=(A_i+B_i+C_i)/3$ 表示第 i 个城市三组评价结果排序的均值，则有：

$$第i个城市 \in \begin{cases} \text{I 类　优秀} & M_i \leq 5； \\ \text{II 类　良好} & 5 < M_i \leq 10； \\ \text{III 类　一般} & 10 < M_i \leq 20； \\ \text{IV 类　较差} & 20 < M_i \leq 30； \\ \text{V 类　很差} & M_i > 30 \end{cases}$$

根据上述标准，得中国 35 个大中城市公共基础设施社会效益状况分类表，如表 5-3 所示。

表 5-3　中国 35 个大中城市公共基础设施社会效益状况分类表

I 类　优秀	II 类　良好	III 类　一般	IV 类　较差	V 类　很差
长沙、福州、郑州、海口	南昌、济南、宁波、厦门、广州	合肥、石家庄、杭州、银川、西安、大连、呼和浩特、兰州、南京、深圳	哈尔滨、西宁、南宁、长春、重庆、武汉、上海、青岛、太原、成都、沈阳	天津、北京、贵阳、昆明、乌鲁木齐

结合表 5-2 和表 5-3 进行分析，总体来看，中国 35 个大中城市公共基础设施社会效益状况并不理想，表现为一般及以下水平的城市占城市总数的近 70%，说明中国 35 个大中城市公共基础设施经济效益总体状况仍有待进一步改善。具体而言，长沙、福州、郑州、海口 4 个城市公共基础设施投入产出效率值较高，表明其公共基础设施社会效益状况较好。而天津、北京、贵阳、昆明、乌鲁木齐 5

个城市公共基础设施投入产出效率值较低，说明这些城市公共基础设施对社会发展的贡献并没有得到有效发挥，其公共基础设施的社会效益仍存在较大提升空间，亦即在现有公共基础设施资源投入情况下，这些城市的公共基础设施对社会发展应该发挥更大的作用。

进一步分析发现，中国35个大中城市公共基础设施社会效益状况呈现出明显的区域特征，具体来讲，属于东部地区的16个城市中，有11个城市公共基础设施社会效益较好（表现为一般及以上水平），但只有2个城市表现为优秀，即福州和海口；有3个表现较差，2个表现很差。属于中部地区的8个城市中，有4个城市公共基础设施社会效益较好，其中2个表现为优秀；有4个表现为较差，没有表现很差的城市。西部地区的11个城市中，有4个城市表现较好，但均为一般水平；表现较差和很差的城市有7个。这一结果表明，我国城市公共基础设施社会效益状况在区域间的差异不明显。由此可以得出这样的推断：城市公共基础设施社会效益状况与城市经济发展水平之间不存在必然的正相关关系。

根据城市发展级别将35个城市公共基础设施社会效益状况进行分类，结果如表5-4所示。

表5-4显示，从具体的城市来看，北京、天津、上海、广州、深圳5个一线城市公共基础设施社会效益状况整体并不乐观且表现良莠不齐，广州和深圳表现为良好和一般，上海、北京、天津表现为较差和很差，这种状况与其一线城市的应有功能极不匹配。4个直辖市中，除上海、北京、天津表现为较差和很差外，另一个直辖市重庆表现也不理想，为较差，与直辖市的地位极不相符。与上述情况形成鲜明对比的是，一些二、三线城市公共基础设施社会效益状况较好，如长沙、郑州、福州、海口，均达到了优秀水平。

表 5-4　35 个大中城市公共基础设施社会效益状况分类表

城市等级	Ⅰ类优秀	Ⅱ类良好	Ⅲ类一般	Ⅳ类较差	Ⅴ类很差
一线城市		广州	深圳	上海、	北京、天津
二线发达城市		济南、宁波、厦门	南京、杭州、大连	重庆、青岛	
二线中等发达城市	长沙、郑州、福州		石家庄、西安	太原、沈阳、武汉、哈尔滨、长春、成都	
二线发展较弱城市		南昌、	合肥	南宁	昆明、
三线城市	海口		呼和浩特、兰州、银川	西宁	乌鲁木齐、贵阳

5.4　城市公共基础设施社会效益的聚类分析

如前文所述，由于被评价单元在资源禀赋、经济规模、发展水平以及其他一些客观因素方面存在差异，导致其投入规模也存在很大差异，对于与有效决策单元存在巨大差异的非有效单元而言，短时间内调整投入规模使其达到有效是不现实的。对此，一些研究提出采用聚类分析方法，根据投入指标对被评价单元进行分类，将具有相似投入规模的决策单元归为一类，每一类中以效率值最高的决策单元作为其他决策单元调整投入结构的标杆。

通过对原始数据的观察发现，35 个城市在公共基础设施投入水平方面存在明显的差异。因此，本书将采用聚类分析方法首先根据投入指标将中国 35 个大中城市划分为公共基础设施投入水平相当的若干组，将每组中效率值最高的城市作为该组中其他城市改进公共基础设施社会效益的标杆城市。考虑到研究样本的数量较多，为避免同组内城市之间投入规模差距过大，使得低效率城市向高效率城市的学习存在困难，本书将 35 个大中城市分为投入状况分别相似的四个组别，如表 5-5 所示。

表 5-5　中国 35 个大中城市公共基础设施投入聚类表

一组	二组	三组		四组
北京、上海、重庆	天津、南京、武汉、广州、深圳、成都	石家庄、太原、沈阳、大连、长春、哈尔滨、杭州、合肥、济南、青岛、郑州、长沙、昆明、西安、乌鲁木齐		呼和浩特、宁波、福州、厦门、南昌、南宁、海口、贵阳、兰州、西宁、银川

由表 5-5 可知，聚类分析的结果将 35 个大中城市分为投入规模相异的四个组，每组中包含公共基础设施社会效益不同的若干城市，为使各组中标杆城市的选择更为直观，将城市分组及效益评价状况列示如表 5-6。

表 5-6　基于聚类分析的 35 个大中城市公共基础设施社会效益评价结果（2014 年）

第一组						第二组					
城市	对抗型		友好型		中立型		城市	对抗型		友好型		中立型	
	效率值	排名	效率值	排名	效率值	排名		效率值	排名	效率值	排名	效率值	排名
重庆	0.3096	28	0.8778	18	0.6384	31	广州	0.4482	11	0.9341	9	0.8973	7
上海	0.295	31	0.8327	21	0.6917	26	南京	0.37	19	0.8492	20	0.8156	16
北京	0.2429	34	0.7762	28	0.6616	29	深圳	0.3674	20	0.9321	10	0.8384	13
第三组						武汉	0.3034	30	0.7958	26	0.7428	22
城市	对抗型		友好型		中立型		天津	0.2596	33	0.7265	31	0.6266	33
	效率值	排名	效率值	排名	效率值	排名	成都	0.3778	18	0.7461	29	0.6757	28
长沙	0.6210	1	0.9773	2	0.9702	1	第四组					
郑州	0.5467	3	0.9570	4	0.9309	4	城市	对抗型		友好型		中立型	
济南	0.5199	6	0.9349	8	0.9047	5		效率值	排名	效率值	排名	效率值	排名
合肥	0.4944	7	0.8838	16	0.833	14	福州	0.6029	2	0.9795	1	0.9568	2
石家庄	0.4545	10	0.864	19	0.8141	17	海口	0.5305	4	0.9647	3	0.9342	3
杭州	0.4463	12	0.9	13	0.8207	15	南昌	0.5238	5	0.9529	6	0.9025	6
西安	0.4240	14	0.8784	17	0.8089	18	宁波	0.4589	8	0.9564	5	0.8847	8
大连	0.4208	15	0.8889	15	0.7570	21	厦门	0.4561	9	0.9369	7	0.8738	10
哈尔滨	0.3603	21	0.8187	24	0.7894	19	银川	0.4285	13	0.9186	11	0.8826	9
长春	0.3257	27	0.8189	23	0.7742	20	呼和浩特	0.4071	16	0.8985	14	0.8465	12
青岛	0.3384	25	0.8217	22	0.7179	25	兰州	0.3956	17	0.9061	12	0.8492	11
太原	0.3042	29	0.7888	27	0.7263	23	西宁	0.3552	22	0.7962	25	0.6821	27
沈阳	0.3416	24	0.6930	33	0.6269	32	南宁	0.348	23	0.7434	30	0.7182	24
昆明	0.3364	26	0.6298	34	0.5831	34	贵阳	0.2858	32	0.7218	32	0.6537	30
乌鲁木齐	0.2102	35	0.5488	35	0.5066	35							

由表 5-6 可见，投入规模相似的各组中不同城市公共基础设施社会效益状况存在显著差异，这为标杆城市的选择以及其他城市公共基础设施社会效益的改善提供了可能。传统分析认为，导致决策单元无效的原因可归结为投入规模与投入结构的扭曲，那么对于投入规模相似的各决策单元来说，导致其效率差异的最可能原因就必然是投入结构的不合理。因此，对于相对低效的城市来说，调节公共基础设施投入结构应能改善其社会效益状况。在第一组中，重庆、上海、北京 3 个城市的公共基础设施投入规模相似，而重庆的社会效益要优于北京和上海，在短期内，以重庆为标杆对公共基础设施投入结构进行调整将有助于其他两个城市社会效益的提高。在第二组至第四组中，广州、长沙和福州可以被选择为各组的标杆城市，作为同组中其他城市调整基础设施投入结构、在短期内改善其社会效益状况的标准。

结合原始数据对投入指标的分析表明，中国 35 个大中城市公共基础设施投入规模存在较大差异，且大致遵循从一线城市到三线城市递减的规律，表明城市公共基础设施投入规模与城市经济发展水平之间存在显著的正相关关系。但是，表 5-6 中的分组评价结果显示，与投入规模较低的城市相比，公共基础设施投入规模较高的城市社会效益状况未表现出明显优势。例如，在城市公共基础设施投入规模相对较高的第一组中，上海、北京、重庆 3 个城市社会效益状况评价结果很不理想，效率水平低于其余三组中的大多数城市；而在投入规模相对较小的第四组中，福州、海口、南昌、宁波、厦门 5 个城市表现非常好，评价结果要优于前三组中的绝大多数城市。这种状况表明，城市公共基础设施社会效益状况与投入规模不存在正相关关系。

上述情况表明，除投入结构不合理外，与快速增长的城市经济社会发展需求相比，公共基础设施供给相对不足是导致其社会效益低下的主要原因。对于一些发展水平较高的城市而言，其社会经济发展压力过大，导致公共基础设施承载能力相对不足。同时，基础设施的相对稳定性、规划的系统性和建设的长周期性也客观限制了其发展速度，无法随经济发展水平的提高而及时调整。对于这些城市，只有采取功能疏导性的政策措施才能有效缓解公共基础设施社会效益低下的状况。

5.5 城市公共基础设施社会效益的动态分析

城市公共基础设施社会效益的发挥是一个持续的过程，为了考察城市公共基础设施社会效益动态变化情况，本书运用对抗型交叉效率模型对 2008-2014 年中国 35 个大中城市公共基础设施社会效益状况进行了评价，结果如表 5-7 所示。

表 5-7　35 个大中城市公共基础设施社会效益评价结果（2008-2014 年）

	2008 年		2009 年		2010 年		2011 年		2012 年		2013 年		2014 年	
	效率值	排名	效率值	排名	效率值	排名	效率值	排名	效率值	排名	效率值	排名	效率值	排名
北京	0.2771	29	0.2921	29	0.2943	30	0.2600	30	0.2210	34	0.2398	34	0.2429	34
天津	0.2495	32	0.2677	32	0.2500	33	0.2207	33	0.2372	33	0.2568	32	0.2596	33
石家庄	0.5151	5	0.3409	24	0.4421	9	0.4541	9	0.5004	4	0.4544	9	0.4545	10
太原	0.5086	6	0.3609	21	0.3399	23	0.3866	18	0.3779	17	0.3195	27	0.3042	29
呼和浩特	0.5486	2	0.5428	1	0.5096	4	0.3762	20	0.4596	6	0.4853	7	0.4071	16
沈阳	0.3008	28	0.3426	23	0.3173	27	0.2738	28	0.3126	26	0.3845	17	0.3416	24
大连	0.4704	9	0.4275	9	0.3843	16	0.4620	8	0.4220	11	0.4291	15	0.4208	15
长春	0.4245	12	0.3985	13	0.3924	14	0.3635	22	0.3103	27	0.3411	25	0.3257	27
哈尔滨	0.3781	17	0.4667	7	0.4154	13	0.1808	35	0.3472	23	0.3599	21	0.3603	21
上海	0.2303	34	0.2371	34	0.2385	34	0.2223	32	0.2535	32	0.2783	30	0.2950	31
南京	0.3797	15	0.3765	16	0.3774	19	0.4007	16	0.3442	24	0.3545	22	0.3700	19
杭州	0.4341	11	0.4582	8	0.4764	6	0.4747	6	0.4471	9	0.4368	13	0.4463	12
宁波	0.4824	8	0.4806	6	0.4883	5	0.4647	7	0.4500	8	0.4814	8	0.4589	8
合肥	0.3645	23	0.3924	14	0.4587	8	0.4212	13	0.4523	7	0.4487	11	0.4944	7
福州	0.5003	7	0.5367	2	0.5157	2	0.5523	2	0.5658	3	0.5709	2	0.6029	2
厦门	0.3764	18	0.4002	12	0.4258	11	0.4827	5	0.4038	13	0.4531	10	0.4561	9
南昌	0.5312	4	0.4983	4	0.4728	7	0.5345	3	0.3806	14	0.4977	4	0.5238	5
济南	0.5452	3	0.4965	5	0.5098	3	0.5017	4	0.4892	5	0.4947	5	0.5199	6
青岛	0.4441	10	0.3856	15	0.3913	15	0.3541	26	0.3406	25	0.3641	20	0.3384	25
郑州	0.5598	1	0.5259	3	0.5507	1	0.5703	1	0.5751	2	0.5696	3	0.5467	3
武汉	0.3505	24	0.3383	25	0.3188	26	0.4016	15	0.2901	29	0.3019	28	0.3034	30
长沙	0.3786	16	0.3665	20	0.3835	17	0.3873	17	0.5933	1	0.6453	1	0.6210	1
广州	0.2693	31	0.3725	17	0.3588	21	0.4202	14	0.4263	10	0.4056	16	0.4482	11

	2008 年		2009 年		2010 年		2011 年		2012 年		2013 年		2014 年	
	效率值	排名	效率值	排名	效率值	排名	效率值	排名	效率值	排名	效率值	排名	效率值	排名
深圳	0.3757	19	0.2802	31	0.3006	28	0.2685	29	0.3473	22	0.3436	24	0.3674	20
南宁	0.3695	21	0.3466	22	0.3231	24	0.3544	25	0.3510	20	0.3538	23	0.3480	23
海口	0.3864	14	0.2897	30	0.2806	31	0.3565	24	0.3033	28	0.4875	6	0.5305	4
重庆	0.1918	35	0.1980	35	0.2016	35	0.2038	34	0.2770	30	0.3358	26	0.3096	28
成都	0.3270	25	0.3354	26	0.4370	10	0.3574	23	0.3801	16	0.4430	12	0.3778	18
贵阳	0.4099	13	0.3704	18	0.3452	22	0.3740	21	0.3804	15	0.2697	31	0.2858	32
昆明	0.2410	33	0.3120	27	0.3033	28	0.4390	10	0.3484	21	0.3004	29	0.3364	26
西安	0.3689	22	0.4146	11	0.3830	18	0.4362	11	0.4191	12	0.4307	14	0.4240	14
兰州	0.3752	20	0.4218	10	0.4196	12	0.4316	12	0.3722	18	0.3794	18	0.3956	17
西宁	0.3220	26	0.3698	19	0.3641	20	0.2996	27	0.2661	31	0.2529	33	0.3552	22
银川	0.3184	27	0.3114	28	0.3218	25	0.3846	19	0.3654	19	0.3661	19	0.4285	13
乌鲁木齐	0.2698	30	0.2584	33	0.2698	32	0.2500	31	0.2138	35	0.2223	35	0.2102	35
均值	0.3850	—	0.3775	—	0.3789	—	0.3806	—	0.3778	—	0.3931	—	0.3974	—
极差	0.3680	—	0.3448	—	0.3491	—	0.3895	—	0.3795	—	0.4230	—	0.4108	—

5.5.1　城市公共基础设施社会效益整体变化趋势分析

由表 5-7 可知，2008-2014 年，中国 35 个大中城市公共基础设施社会效益总体状况不佳，各年份效率均值较低，即使均值最高的 2014 年也仅达到 0.3974。并且，2008-2014 年的 7 年间，中国城市公共基础设施社会效益整体状况无明显改善迹象，如果不考虑期间的轻微波动情况，其总体呈现缓慢上升趋势。

5.5.2　城市公共基础设施社会效益与经济增长的背离

2008 年，中国政府为应对美国金融危机，实施 4 万亿刺激计划，这些资金大部分投入基础设施领域。经过 7 年的运行，中国经济持续增长的事实证明大规模刺激政策成效显著。但实证结果显示，7 年来公共基础设施作为公共品的重要作用——

社会效益并没有得到很好的实现。这表明，大规模公共基础设施投资虽然保证了经济增长的速度，但经济增长的质量却没有因此得到提升，或者说经济增长的成果没有体现在社会发展方面。这不仅涉及到公共基础设施部门效益改善问题，而且涉及到整个社会经济结构调整问题。

5.5.3　城市公共基础设施社会效益的个体变化趋势分析

从具体城市来看，5 个一线城市公共基础设施社会效益状况均不理想，2008-2014 年历年排名均靠后，广州和深圳 2 个城市的排名相对较好，但发展趋势不同，广州表现出缓慢上升态势，而深圳则表现出波动下降趋势；北京、天津、上海 3 个直辖市历年排名几乎都在 30 名以外，其中北京和天津呈现出不断下滑的趋势，上海则有一定程度改善。另一个直辖市重庆的排名情况也不乐观，在考察的 7 个年份中，有 3 个年份排在末位，在后 4 年的排名有提升趋势。表现较好的城市大多为二线城市，其中，郑州市表现最好，在考察的 7 个年份中排名均在前三名，且有 3 个年份排名第一；宁波、福州、济南 3 个城市历年排名均较理想；另外，合肥、厦门、长沙、西安 4 个城市在考察期间表现出强劲的上升趋势。三线城市中，呼和浩特表现最好，大多数年份排名靠前；乌鲁木齐在考察的 7 个年份中排名全部在 30 名以后。总体来看，各城市间的差异有逐渐拉大的趋势，2008 年，表现最好的郑州市与表现最差的重庆市之间效率值的差距为 0.368，到 2014 年，表现最好的长沙市与表现最差的乌鲁木齐市之间效率值的差距扩大到 0.4108

上述情况表明，城市公共基础设施社会效益状况与经济发展水平之间并不呈正相关关系，特别是北京、上海、天津 3 个城市评价结果很不乐观，与其发展水平呈显著的负相关。结合数据进一步分析发现，这 3 个直辖市的人口规模均达到或接近千万级水平，说明一些大型城市由于承载了过多的发展压力，大规模基础设施投入对于庞大的社会需求而言仍然表现为相对不足。

5.5.4 分区域城市公共基础设施社会效益变化趋势分析

对中国 35 个大中城市社会效益状况进行分区域考察，如表 5-8。

表 5-8　35 个大中城市公共基础设施社会效益分区域评价结果（2008-2014 年）

区域	2008 年		2009 年		2010 年		2011 年		2012 年		2013 年		2014 年	
	效率值	排名	效率值	排名	效率值	排名	效率值	排名	效率值	排名	效率值	排名	效率值	排名
东部	0.3898	17.06	0.3740	18.31	0.3782	18.10	0.3856	17.06	0.3790	17.94	0.4022	16.44	0.4096	16.44
中部	0.4370	12.88	0.4184	13.38	0.4165	13.60	0.4057	15.50	0.4159	15.00	0.4355	15.00	0.4349	15.38
西部	0.3402	23.09	0.3528	20.91	0.3526	20.91	0.3552	21.18	0.3485	19.36	0.3490	22.45	0.3526	22.18
均值	0.3850	—	0.3775	—	0.3789	—	0.3806	—	0.3778	—	0.3931	—	0.3974	-1

结果显示，2008-2014 年，属于中部地区的 8 个城市整体效益状况最好；属于西部地区的 11 个城市整体效益状况最差；属于东部地区的 16 个城市效益状况介于两者之间。从总体趋势情况来看，2008-2014 年，东部地区和中部地区公共基础设施社会效益整体排名状况呈现缓慢下降趋势；西部地区公共基础设施社会效益整体排名状况则呈现缓慢上升趋势。出现这种情况的可能原因在于：东部地区基础设施建设起步较早，已经具备了比较完善的基础设施条件，基础设施社会效益的发挥也比较充分，目前处于边际效益递减阶段，大规模的基础设施投入对社会发展的贡献较中西部地区为弱；而受区域平衡发展战略的影响，近年来，中西部地区基础设施投入力度加大，尤其是中部地区，基础设施建设突飞猛进，社会效益十分显著，公共基础设施对社会发展的贡献逐渐达到最佳效果；西部地区由于自然条件、经济基础等原因，尽管近年来对基础设施的投入在不断加大，但基础设施水平仍然明显落后于国内其他地区，对社会发展的贡献尚未显现，也正因为如此，西部地区处于边际效益递增阶段，公共基础设施对社会发展的作用将越来越明显。

5.5.5 城市公共基础设施社会效益的分解

为进一步考察造成城市公共基础设施社会效益区域差异的原因，本书将城市公共基础设施社会效益具体分解为收入效应、就业效应、减贫效应和潜在效应，分别用表征收入水平、就业状况、低收入者收入状况和人口素质的指标作为输出指标，运用对抗型交叉效率模型进行计算，得各分效应评价结果如表 5-9 所示。另外，为了便于比较各分效应与整体效应变化趋势的差异，表 5-9 同时列示了各区域城市公共基础设施社会效益评价结果。

表 5-9　分区域城市公共基础设施社会效益分解

	区　域	2008 年	2009 年	2010 年	2011 年	2012 年	2013 年	2014 年
社会效益	东部地区	0.3898	0.3740	0.3782	0.3856	0.3790	0.4022	0.4096
	中部地区	0.4370	0.4184	0.4165	0.4057	0.4159	0.4355	0.4349
	西部地区	0.3402	0.3528	0.3526	0.3552	0.3485	0.3490	0.3526
收入效应	东部地区	0.5553	0.5591	0.5643	0.2942	0.5927	0.5958	0.6096
	中部地区	0.4790	0.4886	0.5012	0.2612	0.5181	0.5162	0.5199
	西部地区	0.3566	0.3684	0.3907	0.2723	0.3966	0.3582	0.3875
就业效应	东部地区	0.5413	0.5223	0.5264	0.5650	0.5667	0.5348	0.5815
	中部地区	0.5189	0.5086	0.5106	0.4835	0.5238	0.5201	0.5322
	西部地区	0.4856	0.4709	0.4770	0.4478	0.4844	0.4777	0.4988
减贫效应	东部地区	0.4202	0.4108	0.3917	0.4535	0.4537	0.4218	0.3922
	中部地区	0.3774	0.3639	0.3480	0.3924	0.3883	0.3976	0.3826
	西部地区	0.4164	0.4196	0.4291	0.4460	0.4485	0.4028	0.3985
潜在效应	东部地区	0.3445	0.3239	0.3375	0.3612	0.3659	0.3858	0.3964
	中部地区	0.6382	0.5980	0.6074	0.6021	0.6059	0.6061	0.6085
	西部地区	0.3829	0.4045	0.4468	0.4427	0.4750	0.4526	0.4420

为更直观分析各区域在分解效应下的变化情况，用图 5-1~5-5 对其评价结果进行描述。

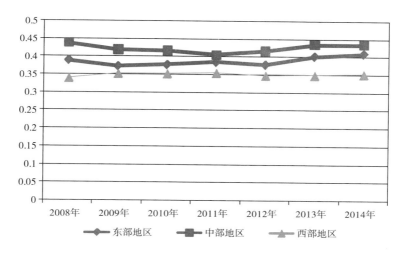

图 5-1　分区域基础设施社会效益

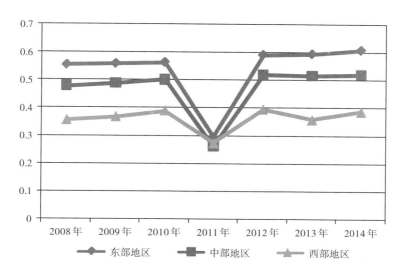

图 5-2　分区域基础设施收入效应

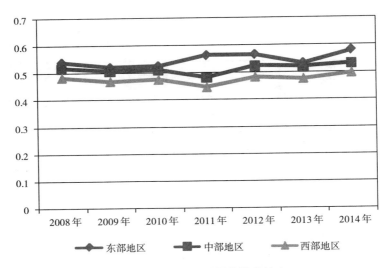

图 5-3　分区域基础设施就业效应

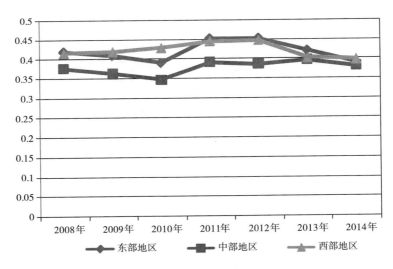

图 5-4　分区域基础设施减贫效应

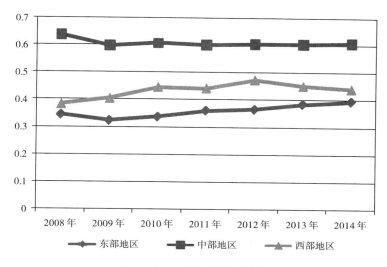

图 5-5 分区域基础设施潜在效应

由图 5-1~5-5 可见，收入效应和就业效应遵从从东部地区向西部地区递减的趋势，说明收入效应和就业效应与经济发展水平之间存在正相关关系；西部地区的减贫效应优于中东部地区，说明城市公共基础设施对于西部地区减少贫困的作用十分显著；中部地区潜在效应显著优于东部地区和西部地区，且与社会效益的结果表现出一定程度的一致性，说明潜在效应对于社会效益的贡献度相对较大，这一结果与当前社会发展更注重软实力的实际情况相吻合。

5.6 城市公共基础设施社会效益的影响因素分析

5.6.1 城市公共基础设施投入规模

城市公共基础设施作为公共物品，具有重要的社会再分配功能，是影响社会福利水平的重要因素。因此，加大城市公共基础设施投入规模能够有效改善社会福利状况。同时，城市公共基础设施对社会福利的影响具有边际效益递减特征。同样的投入对于城市公共基础设施水平较低地区能够产生更高的社会效益，而对基础设施水平较高的城市的社会效益改善效果不明显。这一状况表明，城市公共基础设施社会效益的发挥需要适度的基础设施投入规模，加大对不发达地区的基础设施投入，促使其向适度规模调整，能够导致其社会效益的明显改善；而对于投入规模已经接近甚至超过适度规模的城市，盲目加大投入力度无法有效改善公共基础设施的社会效益，只有通过功能疏解性的政策，改变城市承载力过大的局面，转变城市发展方式，才能有效提高社会福利水平。

5.6.2　城市公共基础设施投入结构

城市公共基础设施投入结构对社会效益的影响源于不同基础设施对社会福利水平的贡献度不同，例如，交通运输基础设施对就业和收入的拉动作用要明显高于其他基础设施，而邮电通信、生态环境等基础设施对于居民文化素质的提高具有显著作用。但是，在城市化的快速发展阶段，城市公共基础设施的经济效益仍然是公众关注的重点，如何调整基础设施投入结构以提高社会效益尚处于探索阶段。本书的实证研究表明，城市公共基础设施投入结构是影响其社会效益发挥的重要因素。随着中国城市化进程的不断推进，由此引发的社会矛盾日益尖锐，有效发挥城市公共基础设施对于推进社会公平的作用，是公共决策机构应该关注的问题。

5.6.3　城市发展水平

城市发展水平对于城市公共基础设施社会效益的影响具有双面性，一方面，城市发展水平越高，能够提供的公共基础设施和服务的数量和水平越多。从而扩大了收入再分配的范围，有助于提高社会整体福利水平；但另一方面，城市发展水平越高，所产生的贫富差距越大，人们对于社会福利水平的要求越高，因此对城市公共基础设施的再分配功能也有更高的要求。本章的实证研究结果也表明，城市公共基础设施与城市发展水平之间不存在明显的相关关系。但是，城市的发展是基础设施发展的前提条件和最终目标，基础设施是实现社会福利的重要手段。城市的发展之所以没有使城市公共基础设施社会效益得到理想的发挥，是由于社会分配机制的不完善。因此，提高城市公共基础设施社会效益的途径不仅在于如何把"蛋糕"做大，即提高城市发展水平，还要解决如何分好"蛋糕"的问题，即完善分配机制，使民众能够分享社会发展成果。

5.6.4　宏观经济形势

一些公共基础设施领域与经济增长具有直接的正相关关系，如交通运输基础设施。这类基础设施的建设能够迅速刺激经济增长，实现短期经济目标，是宏观调控的重要领域。因此，当经济存在下行风险时，政府往往会加大对这类基础设施的投资力度，通过投资乘数效应提高社会总产出水平，实现经济复苏目标。在这一过程中，对基础设施的投资建设带动了就业，提高了收入水平，从而具有一定的社会效益。但是，实证结果表明，大规模的基础设施投资计划并没有使城市公共基础设施社会效益状况得到明显改善，原因在于两个方面：一个是上文中提到的分配机制问题，另一个是评价的技术问题。本书对于城市公共基础设施社会效益的描述采用了就业、收入等指标，当经济增速放缓时，这两项指标会明显下降。实施经济刺激计划的目的一般是使就业和收入恢复至经济放缓前的正常水平，当经济恢复并稳定运行后才会考虑更高的就业和收入目标。因此，当基础设施投资措施仅仅实现了保证就业和收入不下滑的目标时，其社会效益的提高并不明显。

5.7　本章小结

城市公共基础设施社会效益反映了基础设施对促进就业、增加收入、提高生活水平等社会发展成果的积极贡献，是衡量基础设施部门运营效果的重要指标。本章在深入探讨了城市公共基础设施社会效益发挥机制的基础上，构建了一套全面反映城市公共基础设施投入与其社会效益之间关系的评价指标体系，并运用 DEA 交叉效率模型及中国 35 个大中城市的面板数据，对城市公共基础设施社会效益状况及其动态变化特征进行了评价和分析。结果显示，35 个大中城市公共基础设施社会效益整体状况欠佳，特别是一线城市的表现很不理想，而中部地区整体社会效益状况明显优于东部地区和西部地区，说明城市公共基础设施社会效益状况与经济发展水平之间不存在必然的正相关关系。基于聚类分析的评价结果显示，城市公共基础设施社会效益状况与投入规模间也不存在正相关关系。对城市公共基础设施动态变化的考察显示，2008-2014 年，中国城市公共基础设施社会效益状况无明显改善迹象，与经济快速发展形成鲜明对比。并且，中东部地区整体排名出现逐年下降趋势，只有西部地区整体排名表现出微弱的上升趋势。分析表明，除投入结构不合理外，社会经济发展压力过大使基础设施供给相对不足是导致部分城市公共基础设施社会效益低下的主要原因。对城市公共基础设施社会效益分解表明，收入效应和就业效应与经济发展水平之间存在正相关关系，公共基础设施对于西部地区减贫作用十分显著，潜在效应对于社会效益的贡献度相对较大。进一步的分析表明，城市公共基础设施投入规模和结构、城市发展水平、宏观经济形势等因素也会对城市公共基础设施社会效益的发挥产生不同影响。

第6章 城市公共基础设施环境效益评价

6.1 城市生态环境与城市生态环境问题

6.1.1 城市生态环境及其内涵

《中华人民共和国环境保护法》对环境的定义是：影响人类生存和发展的各种天然的和经过人工改造的自然因素的总体，包括大气、水、海洋、土地、矿藏、森林、草原、野生生物、自然和人文以及自然保护区、风景名胜区、城市和乡村等。①

生态环境的内涵十分广阔，从人与自然关系的角度来讲可分为三个层次，一个是原生态自然环境，即没有经过人工参与的生态环境的初始状态。随着人类社会经济活动领域的不断扩展，这种生态环境越来越稀少。第二个层次的生态环境是在原生态基础上进行人为改造的生态环境，如风景名胜区。这种环境一方面保持了原生态环境的某些基本特性，另一方面又加入了有益的人为改造，使生态环境在发挥原生态功能的基础上，更符合人类社会的利益。还有一种是纯粹的人造环境，即对原有生态环境进行了根本性的改造，使其发挥新的功能，其目的是改变原有生态环境对人类的有害属性，或是使其有益属性得到更好的发挥，比如填海造地，人工水库等。

本书所研究的城市生态环境主要是指与城市生产生活相关的生态环境，是由城市社会、经济、自然复合而成的复杂生态系统，因此包含了生态环境的后两种内涵。也就是说，城市生态环境系统是由人造环境和原生态基础上的人为改造环境两部分构成，基本不包含纯粹的原生态系统。这是城市生态环境在城市经济社会发展过程中发挥重要作用的基础。

---

① 《中华人民共和国环境保护法》.http://baike.baidu.com/view/38920.htm?fr=aladdin

6.1.2　城市化产生的生态环境问题及其解决途径

改革开放至今，中国经历了快速的城市化进程。随着城市化的发展，城市人口急剧膨胀，城市环境问题也越来越突出。据统计，从 1979-2014 年，中国城市化率从 19.99% 提高到 54.77%，平均每年提高约 1 个百分点，城市人口从 1.8 亿增加到 7.5 亿，平均每年增加 1600 万人左右。城市化带来城市经济社会快速发展的同时，也给城市生态环境造成了巨大的压力，导致城市环境状况日益恶化。统计数据显示，1979-2014 年，城市污水排放量从 163 亿立方米增长到 445 亿立方米，增长了 1.7 倍，如图 6-1 所示。同期，城市生活垃圾产生量由 2508 万吨增长到 17860 万吨，增长了 6.1 倍，如图 6-2 所示。环境污染、资源枯竭等生态软肋严重威胁着城市的可持续发展以及人类的生存安全[①]。

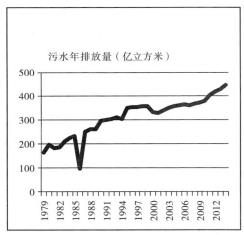

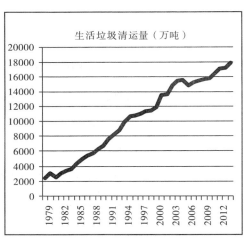

图 6-1　1979-2014 年城市
污水排放量变化情况

图 6-2　1979-2014 年城市生活
垃圾清运量变化情况

城市环境问题与城市经济发展之间存在着矛盾，以牺牲环境为代价的发展模式需要尽快转变[129]。随着科学发展理念和可持续发展理念的提出，人们对生态环境的保护意识越来越强烈，一系列环境保护和环境治理的措施得到实施并产生了积

---

① 数据来源：《中国城市统计年鉴—2015》、《中国城市建设统计年鉴 2014》、中华人民共和国国家统计局。

极效果。其中，城市公共基础设施，特别是生态环境类基础设施的建设和运行，对于降低污染、提升城市环境质量具有明显效果。统计数据显示，从 1991 年到 2014 年，城市污水处理率由 14.9% 提高到 90.18%，如图 6-3 所示。从 1980 年到 2014 年，城市生活垃圾无害化处理率由 6.86% 提高到 91.79%，如图 6-4 所示 ①。可见，公共基础设施改善城市环境的作用是十分显著的，其对城市生态环境的优化功能日益得到认可与重视。因此，对城市公共基础设施环境效益进行评价与分析，有利于了解城市公共基础设施环境效益的现实状况，并为城市公共基础设施投资政策及运营管理提供可资借鉴的依据。

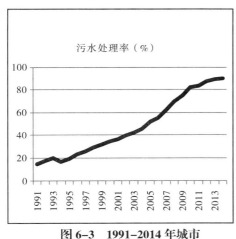

**图 6-3　1991-2014 年城市
污水处理率变化情况**

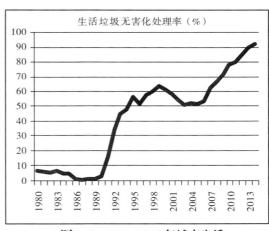

**图 6-4　1980-2014 年城市生活
垃圾无害化处理率变化情况**

6.2　城市公共基础设施环境效益及其作用机制

6.2.1　城市公共基础设施与城市生态环境的相互作用

自然生态环境是城市公共基础设施赖以存在的基础，地形、地貌、地质、气候、水文、资源分布等条件，直接影响着城市公共基础设施发展的技术水平、规模

---

① 《中国城市建设统计年鉴 2014》、中华人民共和国国家统计局。

等级、建设难度、运营状况等。

城市公共基础设施系统一旦建立，其对城市生态环境的影响是明显且持续的，将长期直接影响城市的生产生活。基础设施是人类作用于自然生态环境的工具，通过基础设施的建设和利用，人类达到对空间、资源等的有效利用。

具体而言，城市公共基础设施对生态环境的影响可分为相互对立的两种情况，一是对生态环境的损害或破坏，二是对生态环境的优化或改善。从过程来看，城市公共基础设施对生态环境的影响主要作用在建设和运营两个阶段。城市公共基础设施建设阶段对生态环境产生的影响主要表现为损害或破坏，包括土地资源占用、环境的破坏、产生的废弃物垃圾等对环境的污染以及生态损害等；城市公共基础设施在运营阶段会对生态环境同时产生两方面的影响，对生态环境的损害或破坏，与其他生产部门或消费部门所产生的影响并无本质区别，而对生态环境的优化或改善则源于基础设施的公共品属性。而这种影响又可从两个方面来分析。

其一，生态环境基础设施对生态环境的优化与改善作用。这种影响由城市公共基础设施六大子系统中的生态环境基础设施系统产生。目前城市生态环境基础设施主要包括，污水处理设施、生活垃圾处理设施、城市园林绿化设施。这些设施通过直接作用于城市生态环境，发挥降低环境污染、改善环境质量的作用。需要特别指出的是，一些区域性乃至全国性的大型环境基础设施起到了预防生态恶化、提升环境质量、促进人与环境协调发展的作用，如环京津绿化带、三北防护林等。

生态环境基础设施可分为三类：一是环境保护类基础设施，这类基础设施的主要用途是对未遭到破坏的城市生态环境进行保护，包括绿地系统、湿地系统等；二是环境治理类基础设施，这类基础设施的主要用途是对遭到破坏但仍可恢复的城市生态环境进行治理，使其全部或部分恢复原状，包括污水处理系统、垃圾废物处理系统、以及一些城市园林绿化工程等；三是环境改造类基础设施，这类基础设施的主要用途是对遭到破坏且难以恢复的城市生态环境，通过建设替代性生态工程设施，使其发挥与原有生态系统相同的作用，包括一些水利工程设施，如南水北调工程等。

其二，其他城市公共基础设施减小环境损害的作用。这种影响由城市公共基础设施六大子系统中的能源动力系统、水资源和供排水系统、道路交通系统、邮电通信系统、防减灾系统产生。总体而言，这些公共基础设施的运行提高了社会生产率，促进了城市经济的发展，从而使可用于环境保护及其设施建设的资金极大增加，同时也提高了环境保护部门的生产效率。具体而言，五大基础设施系统中的能源动力系统、水资源和供排水系统以及防减灾系统对城市生态环境的影响是更加显而易见的。能源动力系统中的集体供热设施、燃气设施等，通过能源的集中生产和输送降低了能源消耗，减少了环境污染；水资源和供排水系统通过水资源的高效集约利用和排放回收提高了水资源的利用和循环利用效率，减少了对水的浪费和污染；防减灾系统通过对自然灾害的预测、预防、救援，降低了环境破坏的程度。需要说明的是，作为一般社会生产部门，城市公共基础设施五大系统并非不会对生态环境产生破坏或损害，只是这种影响与其他社会生产部门所产生的影响并无本质区别，如对能源的消耗、三废的排放等，但是这些部门通过提高资源利用效率、降低污染和浪费等途径，同时又会对生态环境产生优化或改善作用，这根源于基础设施作为公共物品的特殊属性，正是属于我们所要考察的公共基础设施溢出效应的范畴。

6.2.2 城市公共基础设施环境效益的界定

6.2.2.1 城市公共基础设施环境效益的概念

对于环境效益的概念，目前国内学术界并无统一的界定。不同的研究者，根据研究对象、研究方法、研究目的的不同，会使用不同的环境效益概念。如陈泽昊、周铁军、刘建明[130]在研究京九铁路的生态环境效益时认为，生态环境效益是指经济活动（包括开发利用自然资源、生产活动等）所引起的生态环境的变化带来的效益，包括生态环境收益和生态环境损失。本书在对城市公共基础设施环境效益进行界定前，首先要明确一个问题，即区分城市公共基础设施环境影响评价与环境效益评价，环境影响包括城市公共基础设施建设和运营过程中对城市生态环境产生的破坏和损害等不利影响，以及城市公共基础设施运营过程中对生态环境产生的优化和改善等有利影响。从投入产出的角度考虑，前者属于城市公共基础设施投入所产生的非期望产出，后者则属于期望产出。本书所考察的城市公共基础设施环境效益是城市公共基础设施投入所产生的期望产出，即城市公共基础设施对生态环境的有利影响。因此可将城市公共基础设施环境效益定义为，城市公共基础设施部门在生产经营活动中所消耗的资源与由此而产生的生态环境有益成果之间的对比关系。

6.2.2.2　城市公共基础设施对生态环境的改善作用

本书对城市公共基础设施环境效益的考察主要是关注其对城市生态环境产生的优化与改善作用，这些作用主要反映在以下几个方面：

（1）提升空气质量。城市公共基础设施的运行，对于改善城市空气质量具有显著作用。生态环境基础设施中的园林绿地、湿地等，能够净化空气。其他公共基础设施中的集中供热除尘系统、公共交通系统等都能够有效降低废气、烟尘的排放。

（2）涵养水源，改善水环境。城市园林绿地系统、湿地系统等的建设增加了城市植被数量和质量，提高了城市绿化覆盖率，有利于改善城市及周边地区水土保持情况，涵养水源，净化水质。其他公共基础设施系统中的供排水和污水处理设施、能够有效降低对城市水源的污染，同时提高水资源循环利用效率。

（3）改善气候条件。城市园林绿地系统、湿地系统等绿色公共基础设施能够起到调节城市局部小气候的作用，减缓气候变暖。城市公共基础设施对空气质量和水环境的改善也会促进城市气候的良性发展。

（4）降低环境压力。生态环境具有自我恢复能力，例如对垃圾和污水的再生和分解。在人类经济活动不发达的时期，产生的污染物较少，依靠环境本身的处理能力能够实现自我改善。但是随着人类经济活动日益频繁，产生的污染物远远超过了环境自身的处理能力。如果单纯依靠生态环境来自我恢复，过程是相当长且缓慢的，无法满足人类社会快速发展的要求，同时给环境带来了毁灭性的压力。生态环境基础设施中的垃圾、污水处理设施等，有效解决了这一问题。这些设施通过对垃圾、污水等污染物的填埋、焚烧、分解、循环利用等，不仅达到了降低污染、减小环境压力的作用，而且实现了必要的经济价值。

（5）改善生态环境质量。城市生态环境基础设施及其他发挥环境效益的基础设施能够有效改善城市空气质量、水质量，减小对生态环境的压力，从而改善城市生态环境，城市生态环境的改善进一步促进了城市生态环境基础设施及其他基础设施的发展，并推动了城市经济社会的可持续发展，并由此形成一个良性循环，导致城市生态环境质量的不断提高。

6.2.3　城市公共基础设施环境效益的作用机制

如前所述，城市公共基础设施环境效益体现了城市公共基础设施对整个城市生态环境的改善作用，其内容不仅包括生态环境的优化，还包括基础设施、生态环境和经济社会之间的良性互动发展。因此，对城市公共基础设施环境效益的考察应该从更广泛的角度进行，具体来讲，本书认为，城市公共基础设施环境效益的发挥是通过两种途径实现的，即城市公共基础设施的直接环境效益和间接环境效益。

（1）城市公共基础设施的直接环境效益。城市生态环境设施中的垃圾处理设施、园林绿化设施、市容环卫设施以及水资源和供排水设施中的污水处理设施，能够直接作用于城市环境，从而对城市环境产生直接的干预。一方面，垃圾处理设施、市容环卫设施、污水处理设施等，通过对城市垃圾、废水的集中收集和处理，达到降低城市环境污染、改善城市环境质量的目的；另一方面，市容环卫、园林绿化设施等，通过对城市自然及人工景观的设计、建造、维护等，增加城市绿化覆盖面积，实现城市环境的优化和提高。

（2）城市公共基础设施的间接环境效益。城市公共基础设施的间接环境效益来源于生态环境的外部性（或称外部效应）。生态环境的外部性分为环境污染的负外部性和环境保护的正外部性[131]。环境污染的负外部性使社会边际成本大于私人边际成本，而环境保护的正外部性则使社会边际收益高于私人边际收益。城市公共基础设施部门通过环境治理及提供其他的环境服务，导致城市生态环境的改善。在这一过程中，城市公共基础设施部门投入大量的劳动力和资金成本用于环境治理和改造活动，而产生的效益却不完全表现为相关基础设施部门的收入，由环境状况改善而导致的相关社会生产部门生产条件的改善间接导致了社会总收益的提高，另外，由于环境状况改善带来的居民生活质量改善也是一种明显的福利效应。因此，对城市公共基础设施环境效益的考察不能只局限于公共基础设施部门的产出成果，而是要从全社会总收益的角度去衡量。

6.3　城市公共基础设施环境效益评价指标体系的构建

本书从投入－产出的角度对城市公共基础设施的环境效益进行考察，选取的指标力求反映城市公共基础设施的投入水平及其产生的生态环境有益成果。投入指标包括垃圾处理设施（x_1）、污水处理设施（x_2）、市容环卫设施（x_3）、生态环保相关从业人员（x_4）和生态环保资金投入（x_5）5 项指标，分别用来反映城市公共基础设施部门用于环境改善的人、财、物的投入状况。其中，垃圾处理设施（x_1）、污水处理设施（x_2）、市容环卫设施（x_3）3 项指标用来反映城市公共基础设施部门用于改善环境的物的投入，这些设施是城市公共基础设施直接作用于生态环境的载体，其运营直接导致了城市环境要素的改变，包括减少污染、资源的循环利用和美化环境等。生态环保相关从业人员（x_4）和生态环保资金投入（x_5）2 项指标分别用来反映城市公共基础设施部门用于改善环境的劳动力和资金投入，它们是城市公共基础设施改善环境的私人部门成本，但是通过外部效应导致了全社会总产出的提高。在产出指标的选取上，本书充分考虑了城市公共基础设施环境效益的内容以及发挥作用的不同途径，选取的产出指标既包含能够直接反映城市公共基础设施部门所产生的环境改善成果的指标，包括垃圾处理成效（y_1）、水处理成效（y_2）、园林绿化成效（y_3），又包含能够间接反映城市公共基础设施部门所产生的环境保护外部效应的指标，即全社会总产出（y_4）。另外，指标的选取还充分考虑了数据的可得性、适应性等原则。

根据以上原则，本书构建了城市公共基础设施环境效益评价指标体系，如表6-1所示。

表6-1　城市公共基础设施环境效益评价指标体系

投入指标		产出指标	
指标	名称	指标	名称
垃圾处理设施（x_1）	生活垃圾无害化处理场（厂）数	垃圾处理成效（y_1）	生活垃圾无害化处理量
污水处理设施（x_2）	污水处理厂座数	水处理成效（y_2）	污水处理厂集中处理量
市容环卫设施（x_3）	市容环卫专用车辆设备总数	园林绿化成效（y_3）	建成区绿化覆盖面积
生态环保人员投入（x_4）	水利、环境和公共设施管理业从业人员数	社会总产出（y_4）	地区生产总值
生态环保资金投入（x_5）	市政公用设施固定资产投资中生态环保投资额		

以上指标中，垃圾处理设施、污水处理设施、市容环卫设施指标数据分别用生活垃圾无害化处理场（厂）座数、污水处理厂座数、市容环卫专用车辆设备数表示；生态环保人员投入指标数据用从业人员中水利、环境和公共设施管理业从业人员数表示；生态环保资金投入指标数据用市政公用设施固定资产投资中生态环保相关投资金额表示，具体包括污水处理、园林绿化和市容环卫投资额三项；垃圾处理成效、水处理成效、园林绿化成效指标分别用生活垃圾无害化处理量、污水集中处理量、建成区绿化覆盖面积表示；社会总产出指标中，由于无法有效分离出由于生态环境改善的外部效应所导致的社会总产出增加部分，因此用总量指标，即生产总值来表示。

6.4 城市公共基础设施环境效益评价

6.4.1 样本和数据来源

考虑到样本间的可比性，本书选取全国35个大中城市作为评价单元，利用35个城市2008~2014年的面板数据来考察其环境效益状况。相关指标数据取自相应年份《中国城市统计年鉴》《中国城市建设统计年鉴》《中国区域经济统计年鉴》，以及相关城市历年国民经济和社会发展统计公报。

6.4.2 DEA交叉效率模型与CCR模型评价结果的对比分析

运用DEA交叉效率模型和2014年的截面数据对城市公共基础设施环境效益进行评价，结果如表6-2所示。

如表6-2所示，运用CCR模型所产生的评价结果中出现了16个城市均为DEA有效的情况，其他城市表现为DEA无效。尽管CCR模型的评价结果能够将所有被评价单元粗略地划分为DEA有效和非DEA有效两个等级，但对于DEA有效的16个城市无法显示其相对优劣状况。与之相比，交叉效率模型的评价结果则很好地解决了这一问题。由表6-2可知，三组交叉效率模型的评价结果中均不存在DEA有效（即评价值为1）的单元，即使是表现最好的城市深圳，其评价结果在任一交叉效率模型评价中均未达到1，说明其公共基础设施的投入产出比并非完全有效，仍存在进一步提升空间，这样的结果更符合各城市的实际情况。对三组交叉效率模型评价结果的效率值进行比较可见，采用友好型交叉效率模型得到的各决策单元效率值较高，而采用对抗型交叉效率模型得到的效率值较低，采用中立性交叉效率模型得到的效率值介于二者之间。

另外，通过对各城市CCR模型效率值与交叉模型效率值的比较可见，一些在CCR评价中表现为DEA有效的城市，在交叉评价中的表现并不好，如西安、宁波、乌鲁木齐，在CCR评价中效率值为1，而在交叉评价中效率值均较低，几乎低于平均效率值；相反，一些在CCR评价中为非DEA有效的城市，在交叉评价中排名却有明显提升，如南昌、厦门。这种情况进一步表明，DEA 交叉效率评价模型能够很好地修正传统 CCR 模型评价结果的偏差，从而使结果更符合客观现实。因此，本书将采用 DEA 交叉效率模型得到的评价结果作为进一步分析的依据。

表 6-2　35 个大中城市公共基础设施环境效益评价结果

城市	CCR 模型		对抗型交叉效率模型		友好型交叉效率模型		中立性交叉效率模型	
	效率值	排名	效率值	排名	效率值	排名	效率值	排名
深圳	1.0000	1	0.7690	1	0.9840	1	0.9809	1
济南	1.0000	1	0.7114	2	0.9684	2	0.9559	2
广州	1.0000	1	0.6725	3	0.8936	5	0.8923	5
郑州	1.0000	1	0.6524	4	0.9198	3	0.9153	3
杭州	1.0000	1	0.6326	5	0.8939	4	0.8933	4
大连	1.0000	1	0.6047	6	0.8255	9	0.8085	8
合肥	1.0000	1	0.5898	7	0.8587	7	0.8286	7
成都	1.0000	1	0.5857	8	0.8139	10	0.7866	10
长沙	1.0000	1	0.5846	9	0.8624	6	0.8593	6
昆明	1.0000	1	0.5786	10	0.8438	8	0.7936	9
沈阳	1.0000	1	0.5270	11	0.7596	13	0.7403	12
贵阳	1.0000	1	0.4872	13	0.7567	14	0.7052	14
南宁	1.0000	1	0.4778	14	0.7604	12	0.7497	11
西安	1.0000	1	0.4740	16	0.7534	15	0.6864	17
宁波	1.0000	1	0.4628	17	0.7395	17	0.6974	16
乌鲁木齐	1.0000	1	0.4193	21	0.7169	19	0.6643	18
福州	0.9915	17	0.5132	12	0.7693	11	0.7393	13
太原	0.9784	18	0.4165	22	0.7211	18	0.6523	20
南昌	0.9543	19	0.4755	15	0.7459	16	0.7021	15
呼和浩特	0.9330	20	0.4102	23	0.6662	22	0.5931	23
长春	0.8855	21	0.3822	27	0.6302	24	0.5738	24
厦门	0.8573	22	0.4519	18	0.6928	20	0.6593	19
南京	0.8522	23	0.3614	28	0.5984	26	0.5666	25
青岛	0.8306	24	0.4428	20	0.6770	21	0.6400	21
上海	0.8220	25	0.3179	30	0.5321	29	0.4742	30
石家庄	0.7938	26	0.4490	19	0.6598	23	0.6395	22
重庆	0.7869	27	0.3981	24	0.6031	25	0.5650	26

城市	CCR 模型		对抗型交叉效率模型		友好型交叉效率模型		中立性交叉效率模型	
	效率值	排名	效率值	排名	效率值	排名	效率值	排名
海口	0.7012	28	0.3855	26	0.5770	27	0.5221	27
武汉	0.6981	29	0.2968	34	0.4856	32	0.4642	31
北京	0.6663	30	0.3100	32	0.4819	33	0.4576	32
哈尔滨	0.6643	31	0.3591	29	0.5276	30	0.5127	29
西宁	0.6307	32	0.2834	35	0.4440	35	0.4095	35
银川	0.6108	33	0.3898	25	0.5536	28	0.5160	28
兰州	0.6056	34	0.3118	31	0.4904	31	0.4450	33
天津	0.5559	35	0.3048	33	0.4498	34	0.4198	34
均值	0.8770	—	0.4624	—	0.6962	—	0.6626	—

6.4.3　三种DEA交叉效率模型评价结果的一致性检验

运用 Kendall's W 检验对各决策单元在三组评价结果中的排序是否具有一致性进行检验。检验结果显示，W 值为 0.992，χ^2 值为 101.181，P 值为 0.000，由此可以认为三组评价结果存在显著的一致性。对三种模型评价结果的一致性检验表明，即使不考虑决策单元间的博弈关系，交叉效率评价模型仍可给出有效且可信的评价结果。但另一方面，通过对三组评价结果中效率均值的比较，可以得出这样的推断：当决策单元间采取合作而非对抗的策略时，将有助于改善整体的效率状况。

6.4.4　中国35个大中城市公共基础设施环境效益状况的分类描述

表 6-2 的评价结果显示，中国 35 个大中城市公共基础设施环境效益总体状况并不理想，特别是交叉效率模型评价结果显示，35 个大中城市公共基础设施环境效益的评价均值较低，即使是最为乐观的友好型交叉效率模型评价结果中效率均值也仅达到 0.6949，说明中国 35 个大中城市公共基础设施环境效益状况仍有待进一步改善，且各城市效益状况存在很大差异。进一步，根据三组交叉效率模型的评价结果将中国 35 个大中城市公共基础设施环境效益状况划分为优秀、良好、一般、较

差和很差五种类别，分类依据如下：

设第 i 个城市在三组评价结果中的排序分别为 A_1、B_1、C_1，（$i=1$，2，…，n)，$M_i=（A_i+B_i+C_i）/3$ 表示第 i 个城市三组评价结果排序的均值，则有：

$$第i个城市 \in \begin{cases} \text{I 类 优秀} & M_i \leq 5 ; \\ \text{II 类 良好} & 5 < M_i \leq 10 ; \\ \text{III 类 一般} & 10 < M_i \leq 20 ; \\ \text{IV 类 较差} & 20 < M_i \leq 30 ; \\ \text{V 类 很差} & M_i > 30 \end{cases}$$

根据上述标准，得到中国 35 个大中城市公共基础设施环境效益状况分类表，如表 6-3 所示。

表 6-3　中国 35 个大中城市公共基础设施环境效益状况分类表

I 类　优秀	II 类　良好	III 类　一般	IV 类　较差	V 类　很差
深圳、济南、广州、郑州、杭州	大连、合肥、成都、长沙、昆明	沈阳、贵阳、南宁、西安、宁波、乌鲁木齐、福州、太原、南昌、厦门	呼和浩特、长春、南京、青岛、上海、石家庄、重庆、海口、哈尔滨、银川	武汉、北京、西宁、兰州、天津

尽管对样本的选取已经考虑到城市间的可比性，但是 35 个人口规模较具可比性的大中城市在发展水平、发展模式上仍然存在较大差距。为了使各城市间的评价比较更具合理性和实践价值，本书根据城市发展级别将 35 个城市公共基础设施环境效益分类状况列示于表 6-4。

如表 6-4 所示，表格中的每一行显示了具有相似发展水平的若干城市间公共基础设施环境效益的差别状况。具体来看，5 个一线城市公共基础设施环境效益状况差异较大，深圳、广州表现优秀，而上海、北京、天津三个直辖市表现为较差和很差；二线城市在各类中的分布呈现显著的梭形，即表现为一般水平的城市数量最多，向两端依次递减，表现为优秀和很差水平的城市很少；7 个三线城市公共基础设施环境效益状况表现均不理想，全部处于一般及以下水平。上述情况表明，城市公共基础设施环境效益状况与经济发展水平之间并不存在必然的正相关关系。特别是北京、上海、天津 3 个城市评价结果很不乐观，与其发展水平呈显著的负相关。结合数据进一步分析发现，这 3 个直辖市的人口规模均达到或接近千万级水平，说明这些城市承载了过多的发展压力，即使投入大规模基础设施用于环境治理效果也并不理想。

表 6-4   35 个大中城市公共基础设施环境效益状况分类表

城市等级	Ⅰ类优秀	Ⅱ类良好	Ⅲ类一般	Ⅳ类较差	Ⅴ类很差
一线城市	深圳、广州			上海	北京、天津
二线发达城市	济南、杭州	大连	宁波、厦门	南京、重庆、青岛	
二线中等发达城市	郑州	成都、长沙	西安、沈阳、太原、福州	长春、哈尔滨、石家庄	武汉
二线发展较弱城市		合肥、昆明	南昌、南宁		
三线城市			乌鲁木齐、贵阳	呼和浩特、银川、海口	兰州、西宁

6.5   城市公共基础设施环境效益的聚类分析

考虑到被评价单元在资源禀赋、经济规模、发展水平以及其他一些客观因素方面存在差异，导致其投入规模也存在很大差异，对于与有效决策单元存在巨大差异的非有效单元而言，短时间内调整投入规模使其达到有效是不现实的。对此，一些研究提出采用聚类分析方法，根据投入指标对被评价单元进行分类，将具有相似投入规模的决策单元归为一类，每一类中以效率值最高的决策单元作为其他决策单元调整投入结构的标杆。

通过对原始数据的观察发现，35 个城市在公共基础设施投入水平方面存在明显的差异。因此，本书将采用聚类分析方法，首先根据投入指标将中国 35 个大中城市划分为公共基础设施投入水平相当的若干组，将每组中效率值最高的城市作为该组中其他城市改进公共基础设施环境效益的标杆城市。表 6-5 列示了 35 个大中城市按公共基础设施投入规模进行聚类的结果。

表 6-5　35 个大中城市公共基础设施投入聚类表

一组	二组	三组	四组
北京、天津、上海、南京、武汉、广州、重庆	沈阳、大连、青岛、深圳、成都	太原、长春、哈尔滨、西安、乌鲁木齐	石家庄、呼和浩特、宁波、杭州、合肥、福州、厦门、南昌、济南、郑州、长沙、南宁、海口、贵阳、昆明、兰州、西宁、银川

由表 6-5 可知，聚类分析的结果将 35 个大中城市分为投入规模相异的 4 个组，每组中包含公共基础设施环境效益不同的若干城市，为使各组中标杆城市的选择更为直观，将城市分组及效益评价状况列示如表 6-6。

由表 6-6 可见，投入规模相似的各组中不同城市公共基础设施环境效益状况存在显著差异，这为标杆城市的选择以及其他城市公共基础设施环境效益的改善提供了可能。传统分析认为，导致决策单元无效的原因可归结为投入规模与投入结构的扭曲，那么对于投入规模相似的各决策单元来说，导致其效率差异的最可能原因就必然是投入结构的不合理。因此，对于相对低效的城市来说，调节公共基础设施投入结构应能改善其环境效益状况。在第一组中，广州、南京、上海、重庆、武汉、北京、天津 7 个城市的公共基础设施投入规模相似，而广州的环境效益要显著优于其他 6 个城市，在短期内，以广州为标杆对公共基础设施投入结构进行调整将有助于其他 6 个城市环境效益的提高。在第二组至第四组中，深圳、西安和济南可以被选择为各组的标杆城市，作为同组中其他城市调整基础设施投入结构、在短期内改善其环境效益状况的标准。

表 6-6　基于投入规模分组的 35 个城市公共基础设施环境效益评价结果

第一组						第四组					
城市	对抗型		友好型		中立型		城市	对抗型		友好型		中立型	
	效率值	排名	效率值	排名	效率值	排名		效率值	排名	效率值	排名	效率值	排名
广州	0.6725	3	0.8936	5	0.8923	5	济南	0.7114	2	0.9684	2	0.9559	2
南京	0.3614	28	0.5984	26	0.5666	25	郑州	0.6524	4	0.9198	3	0.9153	3
上海	0.3179	30	0.5321	29	0.4742	30	杭州	0.6326	5	0.8939	4	0.8933	4
重庆	0.3981	24	0.6031	25	0.5650	26	合肥	0.5898	7	0.8587	7	0.8286	7
武汉	0.2968	34	0.4856	32	0.4642	31	长沙	0.5846	9	0.8624	6	0.8593	6
北京	0.3100	32	0.4819	33	0.4576	32	昆明	0.5786	10	0.8438	8	0.7936	9
天津	0.3048	33	0.4498	34	0.4198	34	贵阳	0.4872	13	0.7567	14	0.7052	14

第二组						南宁	0.4778	14	0.7604	12	0.7497	11
城市	对抗型		友好型		中立型		宁波	0.4628	17	0.7395	17	0.6974	16
	效率值	排名	效率值	排名	效率值	排名	福州	0.5132	12	0.7693	11	0.7393	13
深圳	0.7690	1	0.984	1	0.9809	1	南昌	0.4755	15	0.7459	16	0.7021	15
大连	0.6047	6	0.8255	9	0.8085	8	呼和浩特	0.4102	23	0.6662	22	0.5931	23
成都	0.5857	8	0.8139	10	0.7866	10	厦门	0.4519	18	0.6928	20	0.6593	19
沈阳	0.5270	11	0.7596	13	0.7403	12	石家庄	0.4490	19	0.6598	23	0.6395	22
青岛	0.4428	20	0.677	21	0.640	21	海口	0.3855	26	0.577	27	0.5221	27

第三组						西宁	0.2834	35	0.444	35	0.4095	35
城市	对抗型		友好型		中立型		银川	0.3898	25	0.5536	28	0.5160	28
	效率值	排名	效率值	排名	效率值	排名	兰州	0.3118	31	0.4904	31	0.4450	33
西安	0.474	16	0.7534	15	0.6864	17							
乌鲁木齐	0.4193	21	0.7169	19	0.6643	18							
太原	0.4165	22	0.7211	18	0.6523	20							
长春	0.3822	27	0.6302	24	0.5738	24							
哈尔滨	0.3591	29	0.5276	30	0.5127	29							

　　结合原始数据的分析表明，中国 35 个大中城市公共基础设施投入规模存在较大差异，且大致遵循从一线城市到三线城市递减的规律，表明城市公共基础设施投入规模与城市经济发展水平之间存在显著的正相关关系。但是，表 6-6 中的分组评价结果显示，处于投入规模较高组别中的城市，其公共基础设施环境效益状况并未明显优于规模较低组别中的城市。例如，在城市公共基础设施投入规模相对较高的第一组中，上海、北京、天津、武汉 4 个城市环境效益状况评价结果很不理想，效率水平低于第二组和第三组中的所有城市以及第四组中的大多数城市；而在投入规

模相对较小的第四组中，济南、郑州、杭州、合肥、长沙 5 个城市的评价结果要优于第三组中的所有城市以及第一组和第二组中的部分城市。这种状况表明，城市公共基础设施环境效益状况与投入规模并不存在正相关关系。

从具体城市来看，公共基础设施投入规模相对较大的北京、上海、天津 3 个一线城市和另一个直辖市重庆的环境效益状况均不理想，上海、重庆表现为较差，北京和天津表现为很差，这种状况与一线城市和直辖市的应有功能极不匹配。而某些投入规模较小的二线城市的公共基础设施环境效益状况却非常好，如济南、郑州，均表现出优秀水平。分析可能的原因，我们认为，导致城市公共基础设施环境效益低下的原因除投入结构不合理外，最大的原因是一种功能性的矛盾，表现为产出的相对不足。具体来讲，对于一些发展水平较高的城市而言，其社会经济发展压力过大，导致环境承载能力相对不足，即使投入大规模的公共基础设施，也无助于改善其环境状况。对于这些城市，只有采取功能疏导性的政策措施才能有效缓解其环境日益恶化的趋势。

6.6　城市公共基础设施环境效益的动态分析

城市公共基础设施环境效益的发挥是一个持续的过程，为了考察城市公共基础设施环境效益动态变化情况，本书运用对抗型交叉效率模型对 2008–2014 年中国 35 个大中城市公共基础设施环境效益状况进行了评价，结果如表 6–7 所示。

6.6.1　城市公共基础设施环境效益整体变化趋势分析

由表 6–7 可知，2008–2014 年，中国 35 个大中城市公共基础设施环境效益整体状况不佳，各年份效率均值较低，即使均值最高的 2012 年也仅达到 0.4758。但是，2008–2014 年的 7 年间，中国城市公共基础设施环境效益整体呈逐渐改善趋势。这说明，随着人们对生态环境的日益关注，一系列生态环保措施的实施，特别是城市生态环境类基础设施的建设和运营，正在逐渐发挥对城市生态环境的改善作用。

表 6-7　35 个大中城市公共基础设施环境效益评价结果（2008-2014 年）

	2008 年		2009 年		2010 年		2011 年		2012 年		2013 年		2014 年	
	效率值	排名	效率值	排名	效率值	排名	效率值	排名	效率值	排名	效率值	排名	效率值	排名
北京	0.2753	33	0.2991	29	0.3347	28	0.2991	30	0.3350	30	0.1140	35	0.3100	32
天津	0.2905	31	0.3034	28	0.2982	31	0.2402	34	0.2911	33	0.2971	31	0.3048	33
石家庄	0.5347	7	0.4006	19	0.3951	21	0.3835	22	0.4351	18	0.5090	10	0.4490	19
太原	0.2923	30	0.3743	22	0.3197	30	0.3937	20	0.4086	25	0.4237	17	0.4165	22
呼和浩特	0.3673	24	0.2861	32	0.3406	25	0.3720	23	0.3971	27	0.3288	27	0.4102	23
沈阳	0.3933	20	0.5667	4	0.5859	9	0.4143	18	0.4287	20	0.3533	25	0.5270	11
大连	0.4128	19	0.5276	10	0.5958	7	0.5062	10	0.5303	11	0.6179	6	0.6047	6
长春	0.3699	23	0.3520	25	0.4599	16	0.4296	17	0.4071	26	0.3269	29	0.3822	27
哈尔滨	0.3887	21	0.3668	23	0.3369	27	0.3122	26	0.3274	31	0.3097	30	0.3591	29
上海	0.3785	22	0.4272	15	0.3975	20	0.3511	26	0.4146	23	0.3571	24	0.3179	30
南京	0.4139	18	0.4642	12	0.5753	10	0.4964	11	0.5934	9	0.3962	19	0.3614	28
杭州	0.5847	3	0.5844	3	0.5110	12	0.5470	7	0.6140	8	0.6258	5	0.6326	5
宁波	0.5394	6	0.4333	14	0.4663	14	0.3889	21	0.5193	13	0.4938	12	0.4628	17
合肥	0.4423	15	0.5304	8	0.5952	8	0.4833	12	0.5673	10	0.5964	8	0.5898	7
福州	0.4148	17	0.4358	13	0.3633	23	0.3516	25	0.4702	15	0.4562	14	0.5132	12
厦门	0.3383	25	0.3656	24	0.4447	17	0.3324	25	0.4237	22	0.3695	23	0.4519	18
南昌	0.5094	8	0.5634	5	0.6076	6	0.6257	5	0.5219	12	0.6011	7	0.4755	15
济南	0.4513	12	0.5499	6	0.6296	4	0.6332	4	0.6834	3	0.6557	3	0.7114	2
青岛	0.4731	10	0.5292	9	0.5246	11	0.4648	14	0.4384	17	0.4154	18	0.4428	20
郑州	0.6667	2	0.6604	2	0.7402	2	0.6806	2	0.6763	4	0.6368	4	0.6524	4
武汉	0.4433	14	0.5103	11	0.4921	13	0.2630	32	0.4272	21	0.3863	21	0.2968	34
长沙	0.4777	9	0.4170	17	0.6872	3	0.6729	3	0.6408	6	0.5733	9	0.5846	9
广州	0.5534	4	0.5352	7	0.4602	15	0.6063	6	0.7093	2	0.6718	2	0.6725	3
深圳	0.8057	1	0.7027	1	0.7695	1	0.7550	1	0.7649	1	0.7036	1	0.7690	1
南宁	0.4506	13	0.4233	16	0.4244	18	0.4496	15	0.6288	7	0.4518	15	0.4778	14
海口	0.3009	29	0.2064	35	0.2573	35	0.2584	33	0.2339	35	0.2867	32	0.3855	26
重庆	0.4291	16	0.2518	33	0.2959	32	0.3005	29	0.3551	29	0.3502	26	0.3981	24
成都	0.4721	11	0.4133	18	0.6093	5	0.5179	9	0.6549	5	0.5001	11	0.5857	8
贵阳	0.2896	32	0.3326	27	0.3263	29	0.3581	24	0.3890	28	0.4789	13	0.4872	13
昆明	0.5511	5	0.3510	26	0.2875	33	0.5443	8	0.4413	16	0.3778	22	0.5786	10
西安	0.3169	27	0.2938	31	0.3655	22	0.4412	16	0.4949	14	0.4332	16	0.4740	16
兰州	0.3234	26	0.3777	21	0.3510	24	0.4074	19	0.3146	32	0.2100	34	0.3118	31
西宁	0.2349	35	0.2237	34	0.2624	34	0.2818	31	0.2706	34	0.2560	33	0.2834	35

	2008 年		2009 年		2010 年		2011 年		2012 年		2013 年		2014 年	
	效率值	排名	效率值	排名	效率值	排名	效率值	排名	效率值	排名	效率值	排名	效率值	排名
银川	0.2619	34	0.2943	30	0.3370	26	0.2358	35	0.4292	19	0.3873	20	0.3898	25
乌鲁木齐	0.3111	28	0.3921	20	0.4015	19	0.4742	13	0.4143	24	0.3273	28	0.4193	21
均值	0.4217	—	0.4213	—	0.4528	—	0.4363	—	0.4758	—	0.4365	—	0.4711	32
极差	0.5708	—	0.4963	—	0.5122	—	0.5192	—	0.5310	—	0.5896	—	0.4856	—

6.6.2　城市公共基础设施环境效益的个体变化趋势分析

从具体城市来看，5 个一线城市中，广州和深圳两个城市表现较好，深圳市连续 7 年城市公共基础设施环境效益排名第一；而其余 3 个城市，北京、天津、上海的表现均不理想，2008-2014 年历年排名均靠后，上海排名在 20 名以后，且呈现不断下滑的趋势，北京和天津的排名则在 30 名左右。另一个直辖市重庆的排名情况也不乐观，在考察的 7 个年份中，除 2008 年排名较好外，其余 6 个年份均排在 30 名左右。表现较好的城市大多为二线城市，其中，郑州市表现最好，在考察的 7 个年份中有 4 个年份排名第二，杭州市和长沙市的表现也较好；另外，大连、济南、西安 3 个城市在考察期间表现出强劲的上升趋势。三线城市的表现均不理想，7 个城市历年排名都在 20 名以后；海口市和西宁市表现最差，在考察的 7 个年份中，分别有多个年份排名在后两位；银川市和贵阳市在考察的 7 年间，表现出了明显的增长趋势。总体来看，各城市间的差异有逐渐缩小的趋势，2008 年，表现最好的深圳市与表现最差的西宁市之间效率值的差距为 0.5708，到 2014 年，表现最好的深圳市与表现最差的西宁市之间效率值的差距缩小到 0.4856。

上述情况表明，城市公共基础设施环境效益状况与经济发展水平之间不存在必然的正相关关系，特别是北京、上海、天津 3 个城市评价结果很不乐观，与其发展水平呈显著的负相关。结合数据进一步分析发现，这 3 个直辖市的人口规模均达到或接近千万级水平，人口膨胀、经济社会活动过于频繁，给生态环境带来了巨大压力，即使是大规模基础设施投入对于生态环境的改善作用也是有限的，因此表现为一种相对不足的状况。

6.6.3　分区域城市公共基础设施环境效益变化趋势分析

对中国 35 个大中城市环境效益状况进行分区域考察，如表 6-8。

表 6-8　35 个大中城市公共基础设施环境效益分区域评价结果（2008-2014 年）

区域	2008		2009		2010		2011		2012		2013 年		2014 年	
	效率值	排名	效率值	排名	效率值	排名	效率值	排名	效率值	排名	效率值	排名	效率值	排名
东部	0.4475	16.06	0.4582	14.31	0.4756	16.13	0.4393	18.06	0.4928	16.25	0.4579	16.25	0.4948	16.44
中部	0.4488	15.25	0.4718	14.13	0.5299	13.13	0.4826	14.88	0.4971	16.88	0.4818	15.63	0.4696	18.38
西部	0.3644	22.82	0.3309	26.19	0.3638	24.27	0.3984	20.18	0.4354	21.36	0.3729	22.27	0.4378	20.00
均值	0.4217	—	0.4213	—	0.4528	—	0.4363	—	0.4758	—	0.4365	—	0.4711	—

结果显示，2008-2014 年，东部地区和中部地区城市公共基础设施环境效益状况相近；西部地区城市公共基础设施环境效益状况较差。从总体趋势情况来看，2008-2014 年，三个区域城市公共基础设施环境效益状况均呈不断改善趋势，但西部地区改善程度要大于东部地区和中部地区。出现这种情况的可能原因在于，中东部地区基础设施建设起步较早，已经具备了比较完善的基础设施条件，基础设施的环境效益正处于持续发挥阶段。西部地区由于生态环境的基础条件较薄弱，并且基础设施建设滞后，一些反映经济发展和生态环境的指标明显落后于中东部地区，导致其公共基础设施环境效益的产出效率不高。但是在区域平衡发展战略的影响下，近年来，国家对于西部地区的投入不断增加，基础设施建设正在快速进行中。并且，与中东部地区相比，同样的基础设施投入在西部地区能够产生更大的效用。正是由于西部地区处于边际效益递增阶段，公共基础设施对环境的改善作用将越来越明显。

6.6.4　城市公共基础设施环境效益分解

为进一步考察造成城市公共基础设施环境效益区域差异的可能原因，本书将城市公共基础设施环境效益具体分解为直接环境效益和间接环境效益，分别用表征城市公共基础设施直接产出效益和间接产出效益的指标作为输出指标，运用对抗型交叉效率模型进行评价，得各区域城市公共基础设施直接环境效益和间接环境效益评价结果，如表 6-9 所示。

为更直观分析各区域在分解效应下的变化情况，用图 6-1、6-2、6-3 对其评价结果进行描述。

表 6-9　分区域城市公共基础设施环境效益分解

	区　域	2008 年	2009 年	2010 年	2011 年	2012 年	2013	2014
环境效益	东部地区	0.4475	0.4582	0.4756	0.4393	0.4928	0.4579	0.4948
	中部地区	0.4488	0.4718	0.5299	0.4826	0.4971	0.4818	0.4696
	西部地区	0.3644	0.3309	0.3638	0.3984	0.4354	0.3729	0.4378
直接环境效益	东部地区	0.4648	0.4699	0.4801	0.4393	0.5018	0.4731	0.5066
	中部地区	0.4920	0.4960	0.5264	0.4814	0.5312	0.5069	0.4907
	西部地区	0.4553	0.4265	0.4693	0.4441	0.5046	0.4198	0.4703
间接环境效益	东部地区	0.5215	0.5588	0.5590	0.2925	0.5179	0.4971	0.5343
	中部地区	0.5000	0.5358	0.5498	0.2958	0.5016	0.4757	0.4673
	西部地区	0.3958	0.3973	0.4159	0.2871	0.4118	0.2931	0.3467

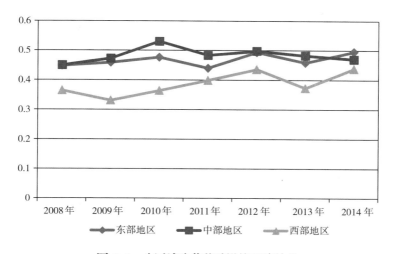

图 6-1　分区域公共基础设施环境效益

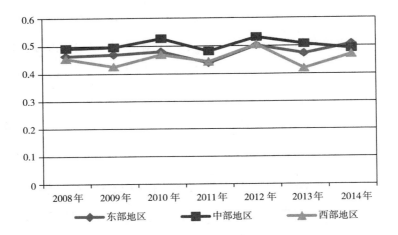

图6-2 分区域公共基础设施直接环境效益

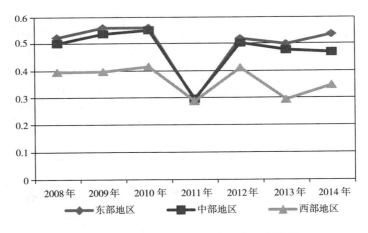

图6-3 分区域公共基础设施间接环境效益

由图6-1、6-2、6-3可见，中东部地区城市公共基础设施环境效益要明显优于西部地区，且中部地区的表现要略好于东部地区。三个区域城市公共基础设施的直接环境效益的差异状况和变化趋势与总体环境效益状况相似，优劣顺序仍是中东西部的排序，但区域间的差异明显较小。而在间接环境效益方面，中东部区域表现相近，且东部地区略好，西部地区表现最差，且与中东部地区的差异较大。上述情况说明，城市公共基础设施在发挥对生态环境的直接改善作用方面，区域间的差异不明显，而在发挥外部效应方面却存在显著差异，这主要是因为与其他构成社会总产出的因素相比，城市生态环境基础设施对总产出的贡献率较小。

6.7　城市公共基础设施环境效益的影响因素分析

6.7.1　生态环境基础设施投入规模

生态环境基础设施直接作用于城市生态环境，对城市生态环境的改善作用明显。因此，生态环境基础设施规模是决定其环境效益的关键因素。目前，城市生态环境基础设施的作用还没有被提升到与经济效益同等重要的高度，导致城市生态环境基础设施的数量和水平低于其他公共基础设施，客观上限制了其环境效益的发挥。加大对生态环境基础设施的投入能使其对城市生态环境的改善作用更加明显，同时也有助于提高全社会对于基础设施环境效益的认同度，并进一步提高人们的环保观念。

6.7.2　城市公共基础设施投入结构

城市公共基础设施的系统性要求其内部各子系统有机协调，只有实现相互协同，才能最大限度发挥城市公共基础设施的各项效益和整体效益。在基础设施六大子系统中，生态环境基础设施投入所占比重较低，一方面导致了生态环境基础设施数量和水平的相对低下，影响了其环境效益的发挥；另一方面，生态环境基础设施的相对短缺也导致了生态环境设施系统与其他基础设施系统发展不协调，影响了城市公共基础设施系统整体效益的发挥。

6.7.3　城市化发展阶段

众所周知，城市化的不断推进引发了严重的生态环境问题。人口和社会经济活动的集聚造成了对资源的破坏性开发和对生态环境的极大损害。并且，这种破坏和损害是随着城市化进程的加快而不断增长的。在不同的城市化水平下，人类社会经济活动对生态环境的破坏程度是不同的，因此对于生态环境基础设施的作用程度的需求也不同。一些城市化水平较低的城市，生态环境问题尚不严重，生态环境的自我修复能力较强，少量的基础设施投入就能产生明显的生态环境效益。而一些城市化水平较高的城市，生态环境问题严重，已经超过了生态环境的承载极限，即使投入大量的基础设施，对生态环境的改善作用也是有限的。对于城市化水平较高而导致生态环境恶化严重的城市，仅仅依靠生态环境基础设施投入来改善生态环境状况的效果有限，还需要通过功能疏解的手段缓解生态环境压力。

6.7.4　经济发展模式

经济快速发展引发的资源枯竭、污染严重、环境恶化等问题，引发了人们对于经济发展模式的反思。绿色发展、科学发展、可持续发展等理念代替了以往的唯GDP论成为经济发展的主导思想。在上述理念的指导下，政府和个人对生态环境的关注程度提高，生态环境改善目标成为私人部门和公共部门的共同目标。生态环境基础设施是在法律约束和政策引导之外，政府能够作用于生态环境的重要领域。在公众和政府决策的双重推动下，生态环境基础设施的作用受到重视，投入相应增加，对生态环境的改善效果也更加明显。

6.8　本章小结

城市公共基础设施，特别是其中的生态环境基础设施对城市生态环境具有显著的优化和改善作用，在有效应对城市化快速发展过程中引起的生态环境问题中做出了重要的贡献。本书在充分考察城市公共基础设施环境效益发挥机制的基础上，建立了一套城市公共基础设施投入与生态环境产出之间对比关系的城市公共基础设施环境效益评价指标体系。并运用基于二次目标函数的 DEA 交叉效率模型，对中国 35 个大中城市公共基础设施环境效益状况进行了评价和分析。结果表明，35 个大中城市公共基础设施环境效益整体状况并不乐观，且呈现出中部高、东西部低的特征，说明城市公共基础设施环境效益与经济发展水平之间不存在必然的正相关关系；进一步基于投入规模的聚类分析表明，城市公共基础设施环境效益与投入规模之间不存在正相关关系，但投入规模与经济发展水平之间呈正相关关系。动态分析表明，2008-2014 年中国城市公共基础设施环境效益状况整体呈不断改善趋势，且西部地区的增长态势要显著强于中东部地区。分析认为，城市经济社会活动强度过大给生态环境带来了巨大压力，使生态环境的承载能力表现出相对不足，而城市公共基础设施对环境的改善作用有限，这是造成部分城市公共基础设施生态环境效益低下的重要原因。对城市公共基础设施环境效益的进一步分解表明，在城市公共基础设施的直接环境效益方面，区域间的差异不明显，而在发挥外部效应方面却存在显著差异。归纳而言，城市公共基础设施环境效益的发挥会受到生态环境基础设施投入规模和结构、城市化发展阶段以及经济发展模式等因素的影响。

第7章　城市公共基础设施综合效益评价

7.1 经济效益、社会效益、环境效益的对立统一

在前述章节中，本书分别考察了城市公共基础设施的经济效益、社会效益和环境效益，深刻分析了各种效益的概念、内涵、特征和作用机制，并以中国35个大中城市为样本进行了实证分析。研究表明，三种效益通过不同途径，发挥了对城市经济、社会、环境的积极作用，即使产生同样的作用结果，其作用机制也是不同的。比如，三大效益中都包括对社会总产出的贡献，但是作用机理有别，经济效益中，总产出的增加是由于城市公共基础设施作为中间产品或服务参与了价值创造；在社会效益中，总产出的增加意味着居民收入水平的提高和社会福利的改善，是经济效益的深化和延伸；而在环境效益中，总产出的增加是因为环境基础设施的正外部性降低了全社会的生产成本，改善了生产生活条件，是一种额外的产出成果。只是考虑到指标的相关性和可得性原则，在实证研究中都选用了生产总值这项指标来进行表征。因此，分别对城市公共基础设施的经济效益、社会效益和环境效益进行研究，目的是全面分析城市公共基础设施对城市经济、社会、环境各个领域的作用，特别是明确各自不同的作用机理，从而在理论上为城市公共基础设施综合效益的发挥构建一套严密的逻辑体系，为实证研究奠定基础。

事实上，城市公共基础设施效益是经济效益、社会效益、环境效益共同作用的结果。三大效益的发挥是互为条件、互为支撑的，从系统的角度来看，它们是一个不可分割的有机整体，其统一性主要体现在以下几个方面。

（1）都是以城市公共基础设施为载体。城市公共基础设施三大效益的发挥都是以城市公共基础设施为载体的，既包括有形的设施设备，也包括无形的服务。三大效益虽然表现形式各异，但都是通过城市公共基础设施的运营来实现的，都是城市公共基础设施部门生产经营过程所产生的结果。也就是说，每一项公共设施都同时

发挥了经济效益、社会效益和环境效益。

（2）城市公共基础设施是一个有机系统。从系统论的角度进行分析，城市公共基础设施本身是一个复杂系统，包括组成该系统的各个子系统及其部件。同时，该系统所表现出的各种属性，也是系统的有机组成部分。城市公共基础设施经济效益、社会效益、环境效益作为不同的属性，统一于城市公共基础设施这个大系统之中。

（3）三大效益的不可分割性。尽管从理论分析来看，城市公共基础设施经济效益、社会效益和环境效益反映了城市公共基础设施对城市经济、社会、环境的不同作用，但在现实中，三大效益是一个相互交织、协同作用的系统。城市公共基础设施经济效益的发挥是社会效益和环境效益的基础，社会效益的发挥是经济效益和环境效益的深化和目的，环境效益的发挥是经济效益和社会效益的条件和保障。同时，从产出结果来看，也很难有效将三种效益区分开来。比如，三大效益都会对总产出产生作用，但具体来讲，总产出中究竟哪些部分是经济效益作用的结果，哪些部分是社会效益作用的结果，哪些部分是环境效益的作用结果，从技术上是能难测度的。

（4）城市公共基础设施运营目的：三大效益的协调发挥。城市公共基础设施经济效益、社会效益、环境效益作为城市公共基础设施部门的经营成果，既是城市公共基础设施部门作为一般社会生产部门所应做的贡献，同时也是城市公共基础设施作为公共品所应发挥的作用。因此，城市公共基础设施部门追求的经营目标应该是实现三大效益的协调发挥，而不是个别地区出现的为追求单纯的经济效益而盲目建设、闲置浪费。同时，在城市公共基础设施这个大系统中，只有经济效益、社会效益、环境效益实现协调统一，才能发挥"1+1>2"的系统效应。

因此，在分别考察了城市公共基础设施经济效益、社会效益和环境效益之后，有必要对三大效益进行综合考察，即考察城市公共基础设施综合效益的发挥状况。这既是对城市公共基础设施三维度评价的深化，同时也是由城市公共基础设施作为一个有机系统的整体性本质所决定的。

7.2 中国35个大中城市公共基础设施综合效益的TOPSIS分析

以第 4-6 章的实证分析为基础，对 35 个大中城市 2014 年公共基础设施综合效益发挥状况进行分析，构造原始数据表，并进行归一化处理（利用公式 2-），结果如表 7-1 所示。其中，原始数据为经济效益、社会效益和环境效益评价中各样本城市在对抗型 DEA 交叉效率模型下所得的效率值。

表 7-1　35 个大中城市公共基础设施综合效益分析原始数据表

城市	原始评价结果			标准化评价结果		
	经济效益	社会效益	环境效益	经济效益	社会效益	环境效益
北京	0.4525	0.2429	0.3100	0.1523	0.1003	0.1075
天津	0.5479	0.2596	0.3048	0.1844	0.1072	0.1057
石家庄	0.5361	0.4545	0.4490	0.1805	0.1876	0.1557
太原	0.2688	0.3042	0.4165	0.0905	0.1256	0.1444
呼和浩特	0.4915	0.4071	0.4102	0.1654	0.1680	0.1422
沈阳	0.4840	0.3416	0.5270	0.1629	0.1410	0.1827
大连	0.7610	0.4208	0.6047	0.2562	0.1737	0.2096
长春	0.4540	0.3257	0.3822	0.1528	0.1344	0.1325
哈尔滨	0.4435	0.3603	0.3591	0.1493	0.1487	0.1245
上海	0.6206	0.2950	0.3179	0.2089	0.1218	0.1102
南京	0.4051	0.3700	0.3614	0.1364	0.1527	0.1253
杭州	0.5315	0.4463	0.6326	0.1789	0.1842	0.2193
宁波	0.7779	0.4589	0.4628	0.2618	0.1894	0.1604
合肥	0.4920	0.4944	0.5898	0.1656	0.2041	0.2045
福州	0.6591	0.6029	0.5132	0.2219	0.2489	0.1779
厦门	0.5867	0.4561	0.4519	0.1975	0.1883	0.1567
南昌	0.4188	0.5238	0.4755	0.1410	0.2162	0.1648
济南	0.5174	0.5199	0.7114	0.1742	0.2146	0.2466
青岛	0.6016	0.3384	0.4428	0.2025	0.1397	0.1535
郑州	0.6035	0.5467	0.6524	0.2031	0.2257	0.2262
武汉	0.3844	0.3034	0.2968	0.1294	0.1252	0.1029
长沙	0.7660	0.6210	0.5846	0.2578	0.2563	0.2027
广州	0.5569	0.4482	0.6725	0.1875	0.1850	0.2331
深圳	0.6511	0.3674	0.7690	0.2192	0.1517	0.2666
南宁	0.2940	0.3480	0.4778	0.0990	0.1437	0.1656

城市	原始评价结果			标准化评价结果		
	经济效益	社会效益	环境效益	经济效益	社会效益	环境效益
海口	0.3671	0.5305	0.3855	0.1236	0.2190	0.1336
重庆	0.3852	0.3096	0.3981	0.1297	0.1278	0.1380
成都	0.4897	0.3778	0.5857	0.1648	0.1560	0.2031
贵阳	0.2434	0.2858	0.4872	0.0819	0.1180	0.1689
昆明	0.3715	0.3364	0.5786	0.1251	0.1389	0.2006
西安	0.4103	0.4240	0.4740	0.1381	0.1750	0.1643
兰州	0.2640	0.3956	0.3118	0.0889	0.1633	0.1081
西宁	0.2829	0.3552	0.2834	0.0952	0.1466	0.0982
银川	0.4482	0.4285	0.3898	0.1509	0.1769	0.1351
乌鲁木齐	0.2870	0.2102	0.4193	0.0966	0.0868	0.1454

确定正负理想解：

$Z^+ = [0.2618, 0.2563, 0.2666]$

$Z^- = [0.0819, 0.0868, 0.0982]$

利用公式 2– 计算各评价单元到正负理想解的距离，并根据各评价单元与最优状态的接近程度进行排序，结果如表 7-2 所示。

表 7-2 35 个大中城市公共基础设施综合效益评价结果

城市	d_i^+	d_i^-	C_i	排名
长沙	0.0641	0.2657	0.8056	1
郑州	0.0788	0.2244	0.7402	2
福州	0.0978	0.2285	0.7002	3
大连	0.1030	0.2244	0.6854	4
济南	0.1004	0.2165	0.6832	5
深圳	0.1158	0.2267	0.6620	6
广州	0.1103	0.1975	0.6416	7
宁波	0.1271	0.2163	0.6299	8
杭州	0.1214	0.1832	0.6014	9
合肥	0.1271	0.1790	0.5848	10
厦门	0.1458	0.1645	0.5302	11
石家庄	0.1551	0.1522	0.4953	12

城市	d_i^+	d_i^-	C_i	排名
成都	0.1553	0.1505	0.4922	13
南昌	0.1637	0.1571	0.4897	14
青岛	0.1750	0.1428	0.4495	15
沈阳	0.1755	0.1290	0.4236	16
海口	0.1960	0.1431	0.4220	17
呼和浩特	0.1819	0.1246	0.4065	18
西安	0.1813	0.1238	0.4057	19
昆明	0.1938	0.1227	0.3877	20
银川	0.1907	0.1193	0.3848	21
上海	0.2149	0.1323	0.3810	22
哈尔滨	0.2123	0.0952	0.3096	23
天津	0.2346	0.1048	0.3088	24
长春	0.2132	0.0921	0.3016	25
南京	0.2169	0.0897	0.2925	26
南宁	0.2238	0.0898	0.2865	27
重庆	0.2265	0.0745	0.2475	28
贵阳	0.2487	0.0773	0.2370	29
兰州	0.2535	0.0775	0.2341	30
北京	0.2502	0.0723	0.2242	31
武汉	0.2496	0.0613	0.1971	32
太原	0.2493	0.0609	0.1963	33
西宁	0.2623	0.0613	0.1894	34
乌鲁木齐	0.2679	0.0494	0.1557	35

表 7-2 显示，2014 年，长沙市城市公共基础设施综合效益状况最好，乌鲁木齐市最差。进一步，依据以下标准将 35 个大中城市公共基础设施综合效益状况分为优秀、良好、一般、较差和很差五种类别：

设第 i 个城市在 TOPSIS 评价结果中的排序为 M_i，则有：

$$第i个城市 \in \begin{cases} \text{I 类 优秀} & M_i \leqslant 5 \text{ ;} \\ \text{II 类 良好} & 5 < M_i \leqslant 10 \text{;} \\ \text{III类 一般} & 10 < M_i \leqslant 20 \text{ ;} \\ \text{IV类 较差} & 20 < M_i \leqslant 30 \text{ ;} \\ \text{V 类 很差} & M_i > 30 \end{cases}$$

根据上述标准，得中国 35 个大中城市公共基础设施综合效益状况分类表，如表 7-3 所示。

表 7-3　中国 35 个大中城市公共基础设施综合效益分类表

Ⅰ类　优秀	Ⅱ类　良好	Ⅲ类　一般	Ⅳ类　较差	Ⅴ类　很差
长沙、郑州、福州、大连、济南	深圳、广州、宁波、杭州、合肥	厦门、石家庄、成都、南昌、青岛、沈阳、海口、呼和浩特、西安、昆明	银川、上海、哈尔滨、天津、长春、南京、南宁、重庆、贵阳、兰州	北京、武汉、太原、西宁、乌鲁木齐

由表 7-3 可见，属于东部地区的 16 个城市中，有 7 个城市公共基础设施综合效益较好（表现为优秀和良好），占 43.75%，其余表现为一般及以下水平；中部地区的 8 个城市中，有 3 个城市公共基础设施综合效益状况较好（表现为优秀），占 37.5%，其余表现为一般及以下水平；西部地区的 11 个城市公共基础设施综合效益全部表现为一般及以下水平，说明中国城市公共基础设施综合效益状况表现出明显的区域非平衡特征，遵循从东部地区向西部地区递减的规律。

考虑到 35 个大中城市在发展水平、发展模式等方面存在的差异性。为了使各城市间的评价比较更具合理性和实践价值，根据城市发展级别将 35 个城市公共基础设施综合效益分类状况列示于表 7-4。

表 7-4　35 个大中城市公共基础设施综合效益状况分类表

城市等级	Ⅰ类优秀	Ⅱ类良好	Ⅲ类一般	Ⅳ类较差	Ⅴ类很差
一线城市		深圳、广州		天津、上海	北京
二线发达城市	大连、济南	宁波、杭州	青岛、厦门	南京、重庆	太原
二线中等发达城市	长沙、郑州、福州		石家庄、成都、沈阳、西安	长春、哈尔滨	武汉
二线发展较弱城市		合肥、	南昌、昆明	南宁	
三线城市			呼和浩特、海口	银川、贵阳、兰州	乌鲁木齐、西宁

由表 7-4 可知，5 个一线城市中，只有深圳和广州城市公共基础设施综合效益表现为良好，其余 3 个城市表现不理想，其中上海和天津为较差，北京为很差，这与其一线城市的地位极不相称；二线发达城市中 4 个表现较好，占 44.4%；4 个直辖市全部表现为较差和很差，这与直辖市的应有作用不相符；二线中等发达城市中，3 个表现为优秀，占 30%；二线发展较弱城市和三线城市中，除合肥表现为良好外，其余城市均表现为一般及以下水平。总体来看，一线城市的优良率为 40%，二线城市的优良率为 34.78%，三线城市的优良率为 0，说明城市公共基础设施综合效益状况与经济发展水平存在一定的相关性。

进一步，通过对各城市公共基础设施综合效益排名与经济效益、社会效益、环境效益排名情况进行一致性检验，结果如表 7-5 所示。

由表 7-5 可知，35 个大中城市公共基础设施综合效益评价结果与经济效益评价结果具有显著一致性，而与环境效益评价结果的一致性最不显著，表明在城市公共基础设施综合效益中，经济效益的贡献度较大，其次是社会效益，最后是环境效益。这种状况说明，在我国，城市公共基础设施仍然是以发挥经济效益为主，而体现公共品属性的社会效益和环境效益没有得到有效发挥。

表 7-5　综合效益评价结果与经济效益、社会效益、环境效益评价结果的一致性检验

	综合效益与经济效益的 一致性检验	综合效益与社会效益的 一致性检验	综合效益与环境效益的 一致性检验
W	0.909	0.894	0.883
χ^2	61.838	60.781	60.057
P	0.002	0.003	0.004

7.3　城市公共基础设施综合效益的聚类分析

按照所有投入指标对城市公共基础设施投入水平进行聚类分析，将 35 个大中城市分为投入规模相异的四个组，如表 7-6 所示。

表7-6　中国35个大中城市公共基础设施投入聚类表

一组	二组	三组	四组
北京、上海、重庆	天津、南京、武汉、广州、深圳	石家庄、太原、沈阳、大连、长春、哈尔滨、杭州、合肥、济南、青岛、郑州、长沙、成都、昆明、西安、乌鲁木齐	呼和浩特、宁波、福州、厦门、南昌、南宁、海口、贵阳、兰州、银川、西宁

由表7-6可知，聚类分析的结果将35个大中城市分为投入规模相异的四个组，每组中包含公共基础设施综合效益不同的若干城市，为使各组中标杆城市的选择更为直观，将城市分组及效益评价状况列示如表7-7。

由表7-7可知，投入规模相似的各组中不同城市公共基础设施综合效益状况存在显著差异，这为标杆城市的选择以及其他城市公共基础设施综合效益的改善提供了可能。对于综合效益相对较差的城市，调节投入结构将有助于提高城市公共基础设施综合效益水平。在第一组中，北京、上海、重庆3个城市的公共基础设施投入规模相似，而上海的城市公共基础设施综合效益要显著优于其他2个城市，以上海为标杆，对其余2个城市公共基础设施投入结构进行调整将有助于这些城市公共基础设施经济效益、社会效益和环境效益的协调发挥。在第二组至第四组中，深圳、长沙和福州可以被选择为各组的标杆城市，作为同组中其他城市调整基础设施投入结构的标准。

表7-7　基于投入规模分组的35个城市公共基础设施综合效益评价结果

第一组			第二组		
城市	评价值	排名	城市	评价值	排名
上海	0.3810	22	深圳	0.6620	6
重庆	0.2475	28	广州	0.6416	7
北京	0.2242	31	天津	0.3088	24
第三组			南京	0.2925	26
城市	评价值	排名	武汉	0.1971	32
长沙	0.8056	1	第四组		
郑州	0.7402	2	城市	评价值	排名
大连	0.6854	4			

济南	0.6832	5	福州	0.7002	3
杭州	0.6014	9	宁波	0.6299	8
合肥	0.5848	10	厦门	0.5302	11
石家庄	0.4953	12	南昌	0.4897	14
成都	0.4922	13	海口	0.4220	17
青岛	0.4495	15	呼和浩特	0.4065	18
沈阳	0.4236	16	银川	0.3848	21
西安	0.4057	19	南宁	0.2865	27
昆明	0.3877	20	贵阳	0.2370	29
哈尔滨	0.3096	23	兰州	0.2341	30
长春	0.3016	25	西宁	0.1894	34
太原	0.1963	33			
乌鲁木齐	0.1557	35			

结合原始投入数据的分析表明，表 7-7 中列示的各组别的公共基础设施投入规模基本遵从从第一组到第四组递减的趋势，这基本上与人们的主观判断一致，即我国城市公共基础设施投入规模大致遵循从一线城市到三线城市、从东南沿海到西北内陆依次递减的规律。但评价结果则表明，城市公共基础设施的综合效益并不必然与投入规模成正比。具体而言，在投入规模相对较小的组别中存在若干城市，其公共基础设施综合效益状况要明显优于投入规模较大组别中的多数城市。例如，第二组中的深圳、广州两个城市的排名要优于第一组的所有城市；第三组中的长沙、郑州、大连、济南 4 个城市，排名明显好于前两组中的所有城市；在第四组中，福州和宁波两个城市排名均在 10 名以内，且优于前三组中的大多数城市。

7.4 城市公共基础设施综合效益的动态分析

城市公共基础设施综合效益的发挥是一个持续的过程，为了考察城市公共基础设施综合效益动态变化情况，本书以第 4 章至第 6 章的研究结果为基础，运用 TOPSIS 方法对 2008-2014 年中国 35 个大中城市公共基础设施综合效益状况进行了评价，结果如表 7-8 所示。

表 7-8　35 个大中城市公共基础设施综合效益评价结果（2008-2014 年）

	2008 年		2009 年		2010 年		2011 年		2012 年		2013 年		2014 年	
	评价值	排名	评价值	排名	评价值	排名	评价值	排名	评价值	排名	评价值	排名	评价值	排名
北京	0.2513	26	0.299	28	0.3135	22	0.3649	20	0.2586	30	0.2196	33	0.2242	31
天津	0.2333	28	0.344	24	0.2699	26	0.2989	29	0.3796	22	0.3673	26	0.3088	24
石家庄	0.6088	4	0.377	21	0.4271	17	0.4534	17	0.6538	10	0.6128	11	0.4953	12
太原	0.3926	14	0.306	27	0.2067	28	0.3042	28	0.2788	28	0.3341	29	0.1963	33
呼和浩特	0.5516	8	0.608	11	0.5642	11	0.3379	23	0.5379	14	0.5468	13	0.4065	18
沈阳	0.3805	16	0.594	12	0.5066	14	0.3362	24	0.4146	18	0.5166	16	0.4236	16
大连	0.6024	5	0.753	2	0.6992	2	0.7401	2	0.7681	4	0.7624	3	0.6854	4
长春	0.4211	12	0.384	20	0.3870	20	0.3559	22	0.3817	21	0.3689	25	0.3016	25
哈尔滨	0.3168	23	0.454	16	0.3394	21	0.0783	35	0.3081	26	0.3621	27	0.3096	23
上海	0.3152	24	0.436	18	0.4006	19	0.4528	18	0.4683	15	0.4562	17	0.3810	22
南京	0.3584	18	0.489	14	0.4869	16	0.5300	12	0.4325	16	0.3873	23	0.2925	26
杭州	0.5818	7	0.730	3	0.6337	6	0.6399	5	0.6607	8	0.6505	6	0.6014	9
宁波	0.7176	2	0.699	4	0.6910	3	0.6418	4	0.8371	2	0.7252	4	0.6299	8
合肥	0.3842	15	0.517	13	0.6146	7	0.4653	15	0.5504	12	0.6052	12	0.5848	10
福州	0.4917	11	0.611	10	0.5050	15	0.5334	11	0.6898	6	0.6854	5	0.7002	3
厦门	0.3554	19	0.484	15	0.5244	13	0.5196	13	0.4177	17	0.5216	15	0.5302	11
南昌	0.5302	10	0.678	5	0.6048	8	0.5475	10	0.3846	20	0.6203	10	0.4897	14
济南	0.5360	9	0.615	9	0.6350	5	0.5550	9	0.6673	7	0.6464	7	0.6832	5
青岛	0.5955	6	0.647	6	0.5640	12	0.5071	14	0.5467	13	0.5342	14	0.4495	15
郑州	0.7330	1	0.769	1	0.7915	1	0.7572	1	0.8119	3	0.7982	2	0.7402	2
武汉	0.3053	25	0.411	19	0.3077	23	0.3150	27	0.3562	24	0.4055	21	0.1971	32
长沙	0.4069	13	0.449	17	0.5975	9	0.6009	8	0.9546	1	0.8702	1	0.8056	1
广州	0.3606	17	0.616	8	0.4217	18	0.6179	7	0.6562	9	0.6402	8	0.6416	7
深圳	0.7028	3	0.633	7	0.6434	4	0.6256	6	0.7339	5	0.6364	9	0.6620	6
南宁	0.3300	22	0.324	25	0.2479	27	0.3160	26	0.3608	23	0.3784	24	0.2865	27
海口	0.2318	31	0.125	34	0.1210	35	0.1908	33	0.1107	35	0.3940	22	0.4220	17
重庆	0.2062	32	0.116	35	0.1592	34	0.3585	21	0.2654	29	0.3612	28	0.2475	28
成都	0.3445	20	0.362	22	0.5726	10	0.4575	16	0.6362	11	0.4313	20	0.4922	13
贵阳	0.2413	27	0.258	29	0.1980	32	0.2696	32	0.2565	31	0.3237	30	0.2370	29

	2008 年		2009 年		2010 年		2011 年		2012 年		2013 年		2014 年	
	评价值	排名	评价值	排名	评价值	排名	评价值	排名	评价值	排名	评价值	排名	评价值	排名
昆明	0.3438	21	0.240	31	0.1647	33	0.7170	3	0.2936	27	0.2739	31	0.3877	20
西安	0.2326	30	0.313	26	0.2914	25	0.3812	19	0.3854	19	0.4539	18	0.4057	19
兰州	0.2330	29	0.350	23	0.3024	24	0.3337	25	0.2134	32	0.2125	34	0.2341	30
西宁	0.1473	34	0.245	30	0.2035	30	0.1452	34	0.1141	34	0.1601	35	0.1894	34
银川	0.1516	33	0.206	33	0.2029	31	0.2774	30	0.3386	25	0.4328	19	0.3848	21
乌鲁木齐	0.1413	35	0.230	32	0.2039	29	0.2755	31	0.1304	33	0.2328	32	0.1557	35
均值	0.3925	—	0.4477	—	0.4229	—	0.4372	—	0.4644	—	0.4837	—	0.4338	—

由表 7-8 可知，2008-2014 年，中国 35 个大中城市公共基础设施综合效益状况呈逐渐改善的趋势，说明从总体状况来看，我国城市公共基础设施经济效益、社会效益、环境效益正在趋于协调发挥。

从具体城市来看，5 个一线城市中，深圳市历年表现较好，天津、上海、广州呈逐年改善趋势，只有北京市 7 年来无明显改善。说明，对于一些特大型城市来说，公共基础设施正在发挥越来越大的社会效益和环境效益，与经济效益的协调程度在不断增加，这是城市公共基础设施作为公共物品，在解决城市化带来的负效应中所起的重大作用的表现。另一个直辖市重庆的排名情况虽然不乐观，但呈现出一定的改善迹象。表现较好的城市大多为二线城市，其中，郑州市表现最好，在考察的 7 个年份中有 4 个年份排名第一；大连、杭州、宁波、济南 4 个城市历年排名均较理想；另外，福州和长沙两个城市在考察期间表现出强劲的上升趋势。三线城市中，呼和浩特表现最好，历年排名较靠前，但出现下降趋势；西宁的表现最不理想，在考察的 7 个年份中排名全部在 30 名以后。

对中国 35 个大中城市综合效益变化状况进行分区域考察，如表 7-9 所示。

表7-9 35个大中城市公共基础设施综合效益分区域评价结果（2008-2012年）

区域	2008年		2009年		2010年		2011年		2012年		2013年		2014年	
	效率值	排名	效率值	排名	效率值	排名	效率值	排名	效率值	排名	效率值	排名	效率值	排名
东部地区	0.4577	14.1250	0.5282	13.4375	0.4902	14.1875	0.5005	14.0000	0.5435	13.5625	0.5473	13.69	0.5082	13.50
中部地区	0.4514	13.9453	0.5142	13.7773	0.4846	14.5742	0.4671	15.8125	0.5245	15.0352	0.5456	15.88	0.4531	17.50
西部地区	0.3344	22.1216	0.3795	22.0486	0.3686	21.3484	0.4098	20.1133	0.4103	21.3147	0.3461	25.82	0.3115	24.91
总体均值	0.3925	—	0.4477	—	0.4229	—	0.4372	—	0.4644	—	0.4837	—	0.4338	—

结果显示，2008-2014年，东部地区城市公共基础设施综合效益状况最好；西部地区城市公共基础设施综合效益状况最差。这种情况进一步表明，城市公共基础设施综合效益状况与经济发展水平之间存在显著的正相关关系。从变化趋势来看，2008-2014年，各区域公共基础设施综合效益状况均呈上升趋势。从平均排名的变化情况开看，2008-2014年，东部地区的平均排名表现出小幅上升，而中部地区和西部地区的排名则表现出小幅下降，说明东部地区城市公共基础设施综合效益的改善程度要优于中部地区和西部地区。

7.5 本章小结

城市公共基础设施综合效益是经济效益、社会效益、环境效益的有机统一，是城市公共基础设施运营管理的最终目标。因此，影响城市公共基础设施经济效益、社会效益、环境效益发挥的各种因素，包括城市公共基础设施投入规模和结构、宏观经济形势、城市化进程、经济发展模式、公共管理水平等，都会影响城市公共基础设施综合效益的发挥。而经济效益、社会效益、环境效益的协调状况是决定城市公共基础设施综合效益的直接因素。

　　本章分析了城市公共基础设施综合效益的内涵与特征，并以前三章的实证分析结果为基础，运用 TOPSIS 方法对中国 35 个大中城市公共基础设施综合效益状况进行了考察。结果表明，城市公共基础设施综合效益与经济效益存在显著的一致性，说明目前我国城市公共基础设施还没有实现三大效益的协调发挥，尤其是社会效益和环境效益还有待于进一步改善，这是城市公共基础设施作为公共品应发挥的基本作用。根据投入规模进行的聚类分析表明，城市公共基础设施综合效益的发挥与投入规模之间不存在必然的正相关关系，说明对于一些大城市来讲，在注重基础设施数量投入的同时，一定要更加注重通过调整投入结构来提高运营管理效益。对 2008—2014 年城市公共基础设施综合效益的动态变化情况进行分析，结果表明，在 7 年间，我国城市公共基础设施综合效益呈明显改善趋势，说明城市公共基础设施三大效益的协调程度在逐渐提高。

第8章 提升城市公共基础设施效益的路径选择

8.1 城市公共基础设施效益差异的原因分析

8.1.1 城市公共基础设施经济效益差异的原因

8.1.1.1 影响城市公共基础设施投资绩效的因素

（1）政策性（冲动性）投资的普遍存在

公共基础设施具有很强的外部性，并且是实现经济增长的重要先决条件，受到各级政府和学术界的广泛关注。上世纪 90 年代中期以来，我国的基础设施建设得到极大发展，能源生产能力、交通运输与邮电通信能力、金融保险服务水平等关系社会文明进步、经济和谐发展、百姓安居生活的社会基础设施水平发生了翻天覆地的变化，我国城市公共基础设施水平也实现了较大幅度的提升，城市用水普及率、燃气普及率、电话普及率等指标均接近 100%。

2000 年以来，国家加大了对基础产业和基础设施建设的投入，同时，在区域平衡发展战略的影响下，加大对西部地区城市的建设力度，其中基础设施建设成为重点。另外，基础设施投融资体制的改革也不断得到推进。在多种因素的共同作用下，基础设施建设投资出现了井喷的局面。城市市政公用基础设施固定资产投资从 2001 年的 2351.9 亿元迅速增长到 2014 年的 16245.0 亿元，相当于 1978-2000 年全部市政公用设施固定资产投资总额的近 1.6 倍。

从国民经济核算的角度来讲，基础设施部门作为国民经济的组成部分，其投资直接创造的产出是总产出的重要组成部分，直接引起国民财富的增加。更为重要的是，基础设施投资通过乘数效应进一步影响全社会的资本积累，带动几倍于投资额的总需求，从而导致总产出更多的增加。大型公共基础设施作为准公共物品，其所产生的经济效益并不局限于基础设施功能本身，更为重要的是为国民经济其他部门提供生产条件，从而提高生产效率、降低交易成本。另外，基础设施条件的不断完善能够为城市集聚作用的发挥创造条件，通过溢出效应促进区域产出增加。由于投资的乘数效应对 GDP 的增长作用显著，地方政府利用基础设施投资拉动 GDP 的热情高涨，导致城市公共基础设施的投资不是需求引导而是政策引导。

（2）公共基础设施投融资体制不完善

从社会资金资源的角度来看，目前的投融资体制是资金通过银行或投资机构间接注入到公共基础设施建设中，并没有创造条件使社会闲置资金得到充分利用；从社会技术管理资源的角度来看，政府单方面的主体地位严重忽视了私人部门在某些公共基础或公共事业领域的专业技术和管理方法。政府在逐步加大投资力度的同时，开始改革单一的财政投融资体制，在经历了财政投资与行政收费并行阶段和财政投资为主、实物投资为辅阶段后，开始尝试政府、企业和个人多元化、多层次、多模式的投资方式（包括财政投资、民间资本、项目融资、证券融资、引进外资等），由此加快了基础设施建设的步伐，使城市经济发展环境有了较大改善。但仅靠政府投入，资金有限，如何引入社会资本，目前并没有各方均认可的模型，BOT、PPP 等既有优越性也有局限性，投融资体制不合理阻碍了社会资本的进入，也抑制了通过基础设施投资推动经济增长的作用。

（3）公共基础设施投资管理效率不高

政府对基础设施投资力度不断加大，但地方政府的"土地财政"并不能作为基础设施资金的长久来源，因此，积极探索引入社会资本，实现多元化、多层次、多模式的投资方式才能更有效保障资金来源，这样就产生了基础设施投资管理问题。目前，在公共基础设施投资管理中应用较为广泛的几种方式包括：政府全额投资和全权管理；政府全额投资，专业的项目管理公司进行管理；政府和社会资本共同投资，专业的项目管理公司进行管理。相比而言，第一种模式能够保证建设项目的公益性目的、资金使用的合规性，但项目管理缺乏专业性，同时也容易滋生腐败，影响基础设施项目的建设和使用效率，增加建设和管理运营成本；后两种模式能够在一定程度上保证管理的专业化水平，有效降低一次性建设成本和运营维护费用，提高基础设施建设投资资金的效率，但也难以避免权力寻租现象的出现，同时，各方管理权限协调、利益协调中出现的各种问题也有可能降低管理效率。投资管理不科学，投资不能形成有效的资本存量，从而不利于基础设施对经济增长促进作用的发挥。

8.1.1.2　影响城市公共基础设施溢出效应的因素

（1）公共基础设施的缺失降低了其他生产部门的效率

顾名思义，公共基础设施是社会生产的基础，其基础作用体现在三个方面：一是为其他生产部门提供中间投入品。例如能源动力基础设施、水资源和供排水基础设施；二是为其他生产部门提供交易便利，例如交通运输基础设施、邮电通信基础设施；三是为其他生产部门提供环境空间和安全保障，例如生态环境基础设施和防减灾基础设施。缺少了任何一类基础设施或者任何一类基础设施的数量和服务水平与社会生产需求不匹配，就会导致相关社会生产部门生产效率降低，进而影响全社会的总产出水平。例如，一些农田水利基础设施由于建设数量少以及缺乏维护管理等原因，不能有效地满足农业生产的需求，大大降低了农业的产出水平，不仅直接地导致了社会总产出的减少，同时农业的基础性作用也会传导到其他产业和部门，从而使农业基础设施的缺失对社会总产出的影响被若干倍地放大。

（2）公共基础设施不完善阻碍资源有效配置

公共基础设施建设促进经济增长的一个重要的间接作用体现在，基础设施的建设和完善通过改善城市生产和生活环境，为其他生产部门提供发展条件，从而一方面作为间接投入品或中间投入品参与经济价值的创造，另一方面则通过优质的环境吸引区域外的生产部门向区域内集聚，从而局部提高某一个城市的发展能力。因此，基础设施状况的区域间不平衡在一定程度上阻碍了资源的跨区域有效配置，资源配置的低效率导致了局部经济发展的低效率。

（3）公共基础设施投资回收机制不合理增加交易费用

在引入社会资本的基础设施建设模式下，政府往往通过特许经营权全部或部分地让渡收费型基础设施的收益权以补偿社会资本的投入。这样尽管解决了基础设施建设资金来源问题和投资回报问题，但却导致了其他问题的产生：首先，基础设施收益权（有时也伴随经营权和其他权利）的让渡是政府与社会投资者博弈的结果，因此，权利重置后，失去部分权属政府不能保证公共基础设施完全地发挥公益性；其次，以利润最大化为目标的社会投资者往往更多地考虑资金的回收效率，而忽视了对基础设施的维护与管理，从而影响了基础设施功能的正常发挥；再次，政府的特许经营权很容易形成垄断，扰乱市场的正常竞争秩序；最后，为缩短资金回收期，拥有特许经营权的基础设施运营管理者往往提高收费标准，从而增加了社会的交易成本。

8.1.2 城市公共基础设施社会效益差异的原因

8.1.2.1 公共基础设施供给的地区间不平衡导致了经济社会发展的不平衡

前文中已经用一个复杂的因果关系图详细阐述了基础设施与经济发展之间的因果关系，对其作用机制的分析表明，经济发展水平提高能够相应增加对基础设施建设的投入，同时，增加基础设施投入也能够显著改善经济发展水平，这是一个良性的循环。但长期以来，由于资源禀赋、地理区位、经济发展战略等原因，我国中西部地区经济发展一直落后于东南沿海地区，这种状况导致东西部地区严重缺乏基础设施建设资金，基础设施供给不足又阻碍了经济的快速发展，从而形成了一个恶性的循环。经济发展是社会发展的基础，收入分配、就业、贫困等问题的解决都要以提高经济发展水平为前提。因此，基础设施投入不足影响经济发展速度的同时，也必然导致社会发展滞后。

8.1.2.2 对贫困地区公共基础设施投入不足导致减贫效果不明显

实证研究结果表明，城市公共基础设施对于经济发展水平较低地区的减贫效果更显著，其作用机理表现在：一是公共基础设施本身作为一种再分配的手段，使高水平纳税人的财富以公共资源的方式被低水平纳税人公平地分享，从而使贫困者得到了更多享有社会财富的机会；二是公共基础设施为贫困者降低了生活成本，特别是在公共基础设施以公平价格向富有者与贫困者共同提供产品时，贫困者所获得的效用更大；三是公共基础设施通过提供更多的就业机会，使贫困者的工资性收入增加。但是，从当前城市经济社会发展和公共基础设施建设状况来看，较为完善和发达的公共基础设施大多集中分布在经济发达地区，尽管这并不妨碍有劳动能力和流动能力的贫困人口跨区域享受公共基础设施所提供的公共服务，并因此增加收入和降低部分生活成本，但这种作用是间接的，并且本身需要支付人口流动的成本。因此，如果希望公共基础设施更好地发挥减贫效应，应增加对贫困地区公共基础设施建设的投入。

8.1.2.3 公共基础设施水平偏低影响城市整体水平的提高

从社会生产的角度讲，城市公共基础设施是生产和生活的条件和基础；但从城市发展的角度讲，公共基础设施水平是城市发展水平的重要标志。首先，城市公共基础设施是体现城市形象的关键要素，尤其是城市的交通、环境类基础设施，外在地反映了城市环境与便捷度。其次，完善的城市公共基础设施有利于提高人口素质并为城市的文化传承提供条件，从而提高了城市的软实力。现代化城市公共基础设施（如电信、宽带等）的普及改善了城市居民的社会交往方式，极大地拓展了城市的文化空间，同时，如教育、医疗等基础设施也起到了提高城市人口身体素质和文化素质的作用。最后，城市公共基础设施是城市对外交流的通道和窗口，具备完善基础设施的城市具有更大的集聚和辐射半径，从而使城市的影响力扩大、竞争力提升。

从全国范围来看，中国城市整体公共基础设施水平不高，尽管相对于中西部地区的城市而言，东南沿海地区的城市具有相对较高的基础设施水平，但绝对水平仍有待进一步提高。即使如北上广深等一线城市，其公共基础设施水平与国际化大都市（纽约、伦敦、东京等）相比也存在较大差距。在经济全球化时代，中国的发展目标是融入世界，中国城市的发展目标是打造成为国际化城市。因此，中国城市公共基础设施应瞄准国际大都市水平，高起点规划，高水平建设。

8.1.3　城市公共基础设施环境效益差异的原因

8.1.3.1　生态环境类基础设施投入不足

生态环境类基础设施是城市生态环境系统与城市社会经济系统的重要结合点。城市生态环境是城市可持续发展的基础，为城市发展提供生态容量和环境空间。随着城市经济社会的快速发展，人类活动强度不断增大，对生态环境的需求增加，包括空气、水、植被等在内的城市生态环境系统受到了巨大的影响。当这种影响超过了生态环境的自我恢复能力就必然导致生态环境恶化，而生态环境的恶化又反过来限制城市经济社会的发展，从而形成了一个恶性的循环。生态环境类基础设施的作用表现在三个方面：一是尽量减少或降低城市经济社会活动对生态环境的破坏，城市生态环境基础设施中的垃圾处理、污水处理设施等能够起到这种作用；二是对遭受破坏的生态环境进行修复，以扩大生态容量和环境空间，城市生态环境基础设施中的园林绿化设施能够起到这种作用；三是起到一种示范效应，增强社会其他部门的环境保护意识，例如城市节约用水系统、公共垃圾分类处理系统等。因此，城市生态环境基础设施的建设和使用，不仅对于城市生态环境的保持和改善具有重要作用，同时对于城市的可持续发展也具有深远影响。目前，从我国的实际情况来看，城市生态环境基础设施的投入仍然相对较低。2014 年，中国城市市政公用基础设施投资中生态环境基础设施相关（包括园林绿化和市容环境两项）投资额为 2312.4 亿元，占全部公用基础设施投资总额的 14.2%，尽管这个比重与 1979 年（3.5%）相比已经提高了近 11 个百分点，但是与其他公共基础设施投资所占比重相比仍然偏低。特别是一些大城市，人口高度集聚，社会经济活动对生态环境压力极大，需要投入更多的生态环境基础设施用于减小对生态环境的损害，达到改善城市生态环境的目的。同时，对于西部生态环境基础条件较差的地区，也应该加大生态环境基础设施的投入，以促进这些地区的发展。但是，目前我国西部地区城市市政公用基础设施投资中生态环境基础设施相关投资所占比重仅为 9.2%（2014 年），远远低于全国平均水平。

8.1.3.2　生态环境类基础设施的维护和管理效益低下

城市公共基础设施具有投资规模大、建设周期长的特点，因而，尽量延长基础设施的生命周期是符合公共利益的基础设施使用目标，而对基础设施进行合理使用和维护是延长基础设施生命周期的必要手段。城市公共基础设施的维护主要是指在基础设施运营过程中，对其进行必要的维护、更新和改造，以保障基础设施持续有效的正常运营，从而实现效益最大化[①]。目前，我国城市公共基础设施维护和管理效益低下的情况还普遍存在，原因可归结为以下几个方面：一是在城市基础设施建设和使用的过程中存在重建设轻维护现象。由于基础设施建设投资能够通过乘数作用直接引起经济增长，因此成为中央和地方政府刺激经济的惯用举措。但由于公共基础设施维护与管理中的资金耗时耗力，且很难对经济产生显著影响。因此，以经济增长为目标的政府行为很难对公共基础设施的维护和管理倾注过多的热情和资金。二是在现有多主体、多样化的基础设施投资建设模式下，已经建成投入使用的公共基础设施所有权、使用权、经营权、处置权等权益归属不清，导致相关利益方责、权、利不明确，并且没有权威且有效的制度对其进行规范，在基础设施的维护成本较高的情况下，各方均不愿承担此项责任，导致部分基础设施长期得不到有效维护，严重影响了其正常运营。三是对城市公共基础设施维护管理的专业化水平不高。随着经济的发展和科学技术的进步，城市公共基础设施的科技含量日益提高，因此对这些设施的维护和管理也需要专业的技术公司和技术人员。但是，由于部分基础设施在由专业公司建设后，所有权和经营管理权移交政府部门或相关机构，而这些部门缺乏对这类基础设施的专业维护和管理技能，如果这种专业维护不能通过政府购买服务的方式得到解决，那么这部分基础设施的维护和管理效率就无法得到保障。四是基础设施维护管理资金不足。城市公共基础设施的维护管理资金通常来源于经营收益，但城市公共基础设施的公共品属性又同时决定了其运营过程中无法产生收益或只能产生较低收益。因此，仅仅依靠经营收益对基础设施进行维护和管

---

① 王丽英，尹丹丽，刘炳胜. 城市基础设施可持续运营的管理维护策略探析[J]. 现代财经，2009,29(11):63−66.

理显然是入不敷出的。但财政支出对于该项费用的补充又是十分有限的，所以城市公共基础设施在日常运营过程中无法得到有效的维护和管理。

对于生态环境基础设施来讲，不仅大多为低费用或无费用提供服务，且维护管理的成本较高，往往因为投入资金的不足，而导致基础设施无法发挥应有的作用，使城市生态环境受到影响。

8.1.3.3 对城市生态环境治理的力度不足抵消了生态环境类基础设施所产生的正外部性

这里所提到的环境治理主要是从制度的角度来探讨如何减少社会经济活动对生态环境的破坏和损害。毋庸置疑，生态环境基础设施对城市生态环境的修复和改善效果是显著的，但是如果城市社会经济活动对生态环境的破坏和损害持续无限制地发展下去，随着城市容量极限的逼近，生态环境基础设施不可能无限制增加，那么城市发展必将陷入生态恶化与经济衰退的恶性循环。因此，对城市各生产部门的行为进行规范，尽量减少其对生态环境造成的破坏和损害、从源头上防止环境恶化更加重要。中国环境保护工作从 1949 年新中国成立起就有不同程度的体现，经过多年的发展，目前已经形成了以"生态文明建设"为目标的全面环保和纵深环保，从法制的角度讲，环境法律发挥了重要作用[①]。改革开放以来，我国环境保护法律制度得到了不断完善，目前已经建立起包括《宪法》、《环境保护法》、《水污染防治法》、《大气污染防治法》、《草原法》、《森林法》等在内的涵盖基本法与一般法的环境保护法律体系。但是当前我国环境保护法律制度的建设和实行中，公众参与度不高，尤其是一些在法律体系之外发挥重要作用的民间环境习惯法制度、市场机制中私人约成性制度、地方性环境保护习惯等没有得到充分的利用和有效的发挥。另外一些与环境保护法律法规相协调发挥作用的制度环境还没有完全建立起来，例如强制管理制度、协商谈判制度、财政补贴制度、环境资源税制度、排污权交易制度、环境标志制度等。

---

① 郭武，刘聪聪．在环境政策与环境法律之间：反思中国环境保护的制度工具 [J]. 兰州大学学报（社会科学版），2016，44(2)：134-140.

8.1.4 城市公共基础设施综合效益差异的原因

8.1.4.1 各类基础设施的配置不合理影响了整体效益的发挥

前文中的实证分析显示，一些总体投入规模相似的城市，公共基础设施各分效益以及综合效益却有显著差异，这主要是由于基础设施投入结构不合理造成的。城市公共基础设施系统是一个复杂社会系统，由能源动力基础设施、水资源和供排水基础设施、交通运输基础设施、邮电通信基础设施、生态环境基础设施和防减灾基础设施六个子系统构成，各子系统相互协调，共同发挥作用。各子系统规模的确定不仅要符合社会经济活动对本系统的需求，还要考虑其他子系统的影响。例如，邮电通信基础设施的规划和建设不仅要考虑到城市发展对该类基础设施的需求状况，还要同时考虑能源动力系统是不是能够支撑其运行，以及是否会影响交通运输系统、生态环境系统等的正常运行。特别是在城市空间有限的前提下，各种城市公共基础设施子系统共同存续于城市空间中，难免存在交叉重叠等情况，此时更要系统考虑各基础设施子系统规模及其布局情况，避免相互影响，降低城市公共基础设施运行效率。

8.1.4.2 城市经济、社会发展与基础设施建设之间的不协调性

（1）城市基础设施与城市经济和社会发展的协调关系

生产力水平提高和科学技术进步使得城市社会分工越来越细，现代城市成为劳动对象、劳动手段和劳动者高度聚集，多要素、多功能聚合的大系统和综合有机体。城市各要素、各系统和各环节之间错综复杂并相互制约，使得城市结构越来越复杂，城市功能越来越多样化。城市基础设施是城市生产和生活不可或缺的一般条件，是城市经济和社会发展的支撑和载体，其发展容量与城市生产的规模和能力，城市人口的规模和生活质量直接相关。因此，城市经济和社会的发展，城市生产和人口的增长，城市结构的变化和人民生活水平的改善，都要求城市基础设施有相应的发展和变化，即城市基础设施必须与城市经济、社会保持协调发展。

（2）城市性质、规模和发展阶段对城市基础设施供求的差异性

地理位置、自然环境、资源禀赋、历史沿革、行政背景和经济发展状况各方面的差异，形成了性质不同的城市，城市功能、发展层次和水平也有所不同。具体来讲，在每个城市具备的诸多功能中，除了维持正常运转必备的共同性或基础性功能外，还存在非共同性的特殊功能，比如行政功能、经济功能、社会文化功能（旅游观光、革命纪念地、历史文化）、海陆空交通枢纽功能等。不同的城市性质决定了城市基础设施建设的重点不同。比如，首都和省会城市是政治中心城市，通常也是具有多种功能的综合性城市，对基础设施的数量和质量都有较高的要求，便利的交通，发达的通讯，整洁的市容环境等都是必备功能；港口与交通枢纽城市则与大量的货物及旅客吞吐量与集散紧密的联系在一起，对城市道路、公共交通、港口、码头、车站等基础设施有较高的要求；旅游观光城市则对风景名胜、文物古迹的保护，市容环境、园林绿化等基础设施提出更多要求。因此，基础设施建设需要根据城市性质不同进行差异化资源配置。

城市是人口和非农业产业聚集的区域。随着经济和社会的发展，不同城市的城市化结构和水平、产业结构、人口结构、城市面积与地形存在差异，城市配套基础设施也要因地制宜。城市经济越发达，生产技术水平和专业化协作程度越高，城市的吸引力和辐射作用越大，城市人口越来越多的同时对生活水平的要求也越来越高，包括住房条件、家用电器、旅游娱乐活动等，这必然对城市的供水、供电、煤气、集中供热、道路交通、环境、防灾等基础设施提出更高的要求，而经济发展水平欠发达的城市，城市基础设施投资受到制约，不能很好的满足人们的需求。而且城市化进程加快，城市规模对城市基础设施的制约越来越明显，首先，当城市规模达到一定规模后，基础设施建设规模扩大的工程技术难度增加，建设标准相应提高，建设成本加大；其次，基础设施建设规模大、建设周期长，当城市规模发展速度过快，现有基础设施不能满足城市发展需要时就必须进行升级改造，如果基础设施建设前瞻性不足，势必成为城市经济和社会发展的羁绊。

8.1.4.3　基础设施建设受资源禀赋约束

城市基础设施系统是一个复杂系统，包括六个子系统：城市能源动力系统（由城市电源、电力网络、热源、供热管网、燃气、输气管网等环节组成）、城市水资源和供排水系统（由城市给水水源、取水构筑物、原水管道、给水处理厂、给水管网、排水管系、废水处理厂和最终处理设施等组成）、城市道路交通系统（由城市道路网、运输设施及其运营管理机构组成）、城市邮电通信系统（由城市邮政局及其邮政设施、城市电信机构及其终端设备、传输设备、交换设备及附属设备等组成复杂信息网络）、城市生态环境系统（由城市空间范围内的自然环境以及环境保护设施、设备等，如空气、水、植被、市容环卫等共同组成）、城市防减灾系统（由城市灾害测控部门、消防站、医疗急救中心、卫生防疫站、防灾减灾物资储备仓库、医院等机构及其附属设施设备组成的城市灾害管理、防御、救援系统构成）。城市基础设施六大系统互为发展条件，各子系统都为其他系统提供相应的设施和服务，但各系统的建设和运营期间都需要投入大量的劳动、资本和资源。

以城市水资源和供排水系统为例，城市水资源的要素禀赋以及开发和循环再利用系统是城市给水战略的前提和制约条件。由于城市产业结构调整和城镇化进行加快，城市人口不断增加和人民生活水平不断提高，所以城市用水需求量越来越大。然而，受降水分布的控制，我国水资源地区、地域分布差异较大，呈现东南多西北少，由东南向西北递减的规律，导致北方和内陆地区城市水资源供需矛盾日益尖锐。因此，城市水资源和供排水系统在资源禀赋受限的条件下必须提升水资源的协调和循环再利用。如天津的引滦入津工程、青岛的引黄济青工程以及国家的战略性南水北调工程等都极大的缓解了北方的水资源缺乏问题，积极开发海水资源，利用海水淡化技术解决城市缺水问题，大力开发污水废水处理技术，提升污水废水循环再利用效率，缺水地区不再发展耗水量大的工业等。

8.1.4.4 城市公共基础设施效益之间存在矛盾冲突

城市基础设施效益按表现形式不同，可分为经济效益、社会效益和环境效益。经济效益是从价值维度考察某项社会生产活动成本费用与实现的经济收入之间的对比关系，用利润等指标进行衡量；城市基础设施的经济效益一方面体现在城市公共基础设施部门自身在生产经营过程中所消耗的资源与产生的经济成果之间的对比关系，而另一方面体现为城市公共基础设施通过为国民经济其他部门提供生产所必须的条件，从而产生间接的经济效益；社会效益反映了某项社会生产活动对社会发展的贡献，如增加收入、促进就业、提高生活水平等；城市基础设施的社会效益按扩散途径不同分为开发效益、波及效益、传递效益和潜在效益，城市公共基础设施促进城市开发，使城市集聚能力增强，引起土地增值、旅游资源增值，区位优势增加，竞争力增强，并进一步促进区域经济加速发展、思想观念转变、开放程度提高等；环境效益是指某项社会生产活动对生态环境产生的影响，城市基础设施的环境效益主要表现为生态环境基础设施如污水处理设施、生活垃圾处理设施、城市园林绿化设施对生态环境的直接优化与改善作用和其他城市公共基础设施在运营过程中所作的减小环境损害的间接作用。

经济效益和社会效益综合反映了某项社会生产活动对整个社会经济系统的影响，而环境效益则可以反映出社会经济系统与生态环境系统之间的相互作用关系，可能是良性的优化或改善关系，也可能是对生态环境的损害和破坏，一方面取决于城市生态环境系统的建设和运营状况，另一方面取决于生态环境系统以外的其他城市公共基础设施系统运营过程中对资源的消耗是否考虑了对环境的影响，是否将自身纳入到整个城市发展的动态平衡中。

现实的情况是，随着城市经济的繁荣，城市化进程不断加快，城市人口空前膨胀，城市公共基础设施的经济效益和社会效益日益凸显，而土地、空气和水资源环境污染和枯竭严重威胁着城市的可持续发展和人类的生存安全，而城市公共基础设施的经济效益、社会效益和环境效益的发挥是互为条件、互为支撑的，环境效益的差强人意势必不利于城市的长远发展。

8.2　提升城市公共基础设施效益的目标和原则

研究发现，我国城市公共基础设施的经济效益与经济发展水平之间存在正相关关系而社会效益和环境效益则不存在，甚至一些较小规模城市社会效益和环境效益表现比特大城市要优秀，说明经济社会活动强度过大，社会问题突出、生态环境承载超限。因此，各城市要根据自身经济、社会、环境发展情况，在城市公共基础设施规模和结构上，以经济效益、社会效益和环境效益协调统一为目标，加大投入力度，调整投入和存量结构，提升城市整体发展水平。具体来讲，城市公共基础设施效益的调整应遵循以下原则：

（1）供给与需求相适应原则

城市是一个复杂大系统，城市基础设施与城市各要素以及整个城市经济社会发展之间，城市基础设施内部各个子系统之间都要保持一定的比例关系，只有综合平衡，协调发展，城市基础设施才能更好的发挥功能和作用。比如，各项城市基础设施与城市各种生产量或生产能力之间要保持适度的供给量，即一定的城市生产能力要有与之相匹配的供水、供电、煤气、热力、交通运输、排水及污水处理、垃圾清运与处理等各项城市基础配套。

（2）政府与市场相结合原则

随着城市基础设施投入的加大，单纯依靠政府投资兴建基础设施已经无法满足城市发展的需要，基础设施投融资体制改革刻不容缓。积极创新金融产品和业务，建立完善多层次、多元化的城市基础设施投融资体系是提高城市公共基础设施供给效率的必然要求。随着基础设施投融资体制的不断完善，一些经营性基础设施的建设将主要由市场供给或由市场和政府公同供给。而政府的作用是集中财力建设非经营性基础设施项目，同时通过特许经营、投资补助、政府购买服务等多种形式，吸引包括民间资本在内的社会资金，参与投资、建设和运营有合理回报或一定投资回收能力的可经营性城市基础设施项目，在市场准入和扶持政策方面对各类投资主体同等对待。

（3）建设与管理并重原则

城市公共基础设施效益的发挥是以城市公共基础设施的可持续发展为前提的，而对城市公共基础设施的科学维护与管理是其可持续发展的必要条件。因此，在城市公共基础设施的建设和使用过程中，必须坚持建设与管理并重的原则。不仅要提供适当规模和结构的基础设施，同时要加强运营管理，进行合理维护，以尽可能地延长城市公共基础设施的服务能力和生命周期。考虑到城市公共基础设施由多部门、多行业组成，部门、行业之间及其内部相互依存、相互制约，各部门各行业应根据自身的特点和发展规律，实行建设和管理并重的原则才能发挥基础设施应有的效能。

（4）区域协调原则

随着区域经济一体化的发展，越来越多的城市融入区域协同发展战略。基础设施作为国民经济发展的"先行者"，推动着经济增长、产业和社会结构的变革。城市基础设施可通过城市间的协调配合促进区域贸易发展、加快城际资本流动、优化区域生产力布局、提高区域资源的配置效率，从而促进区域经济增长。但由于地域和行政限制，各城市从自身利益和管理职能出发，使得大部分基础设施的运营未达到"规模阈值"的要求，降低了基础设施使用效率，从而增加建设、运营成本和资源浪费。因此，提升城市公共基础设施效益必须遵循区域协调发展原则。

（5）科学规划原则

城市公共基础设施的发展是城市发展的条件也是城市发展的成果，其规模和结构的确定既要受到城市发展水平的限制，但同时也要考虑到城市未来发展的需要。因此，城市公共基础设施的规划和建设需要科学的论证，综合考虑城市经济、社会、生态、文化等各个领域的发展情况以及城市生态环境承载力状况，着力提高规划的科学性和前瞻性。另外，城市公共基础设施规划和建设过程中，还要统筹考虑城乡医疗、教育、治安、文化、体育、社区服务等其他公共服务设施建设。从城市整体发展的角度讲，城市公共基础设施建设规划是城市总体规划的一部分，因此，城市公共基础设施建设规划要与城市其他建设规划相协调、相衔接，从城市发展的顶层设计出发来对城市公共基础设施的布局进行科学规划。

8.3　提高城市公共基础设施效益的对策建议

8.3.1　提高城市公共基础设施经济效益的对策建议

尽管，经济效益不是城市公共基础设施部门运营的主要目标，但提高城市公共基础设施经济效益是促进城市整体经济增长的关键环节。提高城市公共基础设施经济效益应从以下三个方面入手。

（1）完善城市公共基础设施投融资体制。地方政府公共基础设施投融资管理体制改革的核心理念是"市场化"，建立政府与市场合理分工满足基础设施投入，为社会资源的利用搭建科学合理的平台，实现地方公共基础设施利益共享、风险共担的"双主体"机制，提升社会资金利用效率，减轻政府财政资金压力。

（2）加强基础设施建设的事前评估。我国公共基础设施项目的事前评价，主要体现为项目立项评审和投资预算审核。各地区规定的评审办法中，虽然有定量的评审标准，但评价体系的构思不严密，评价标准严谨性值得商榷。因此，在评审过程中，要设立明确的评价目标和评价指标与评价方法，对项目的具体内容进行科学审核，切实做到基础设施建设项目与社会需求相适应、符合城市规划、与经济社会发展协调、与周边地区相衔接，避免盲目投资和重复建设。

（3）加强对基础设施项目的管理。首先，完善相关法律法规。目前我国基础设施项目投资监督存在重复监督与监督缺位的现象，应当明确各部门监督职责，推动基础设施项目建设制度化标准化，使得责任追究时有法可依；对监督过程中出现的监督不到位情况，明确责任主体，防止责任追究时各部门之间相互推诿。其次，实施全过程监督。对基础设施投资的监督应当是一个全过程全方位的监督，将事前监督、事中监督和事后监督结合起来，形成一个动态的监督系统，将项目决策、设计等前期工作和项目完工后的运营工作纳入到监督范围中，并通过项目后评价监督将对前后两个项目的监督联系起来，总结以前监督过程中发现的问题，为以后的项目建设提供借鉴。最后，加强投资资金的监管。加强政府性基础设施项目投资资金的监管，本着公开、公正和透明的原则，合理分配投资资金；建立严格的资金使用审批制度加强对资金日常使用情况的监督，防止资金被任意挪用情况的发生；定期由外部独立部门对资金的使用情况进行审计，发现资金使用当中存在的问题并及时改正。

8.3.2 提高城市公共基础设施社会效益的对策建议

城市公共基础设施社会效益是城市公共基础设施部门运营的最主要目标，是实现社会公平正义的主要手段。不断提高城市公共基础设施社会效益，是体现基础设施公共品属性的必然要求。具体应做到以下几点：

（1）加大对中西部地区、贫困地区的基础设施投入。实证研究表明，与中东部地区相比，西部地区城市公共基础设施具有更好的社会效益，且处于边际效益递增阶段。因此，加大对西部地区的基础设施投入力度不仅能够提高其基础设施发展水平，更重要的是能够带来更高的社会效益，从而有助于提高其公共基础设施总体效益水平。同时，对于贫困状况严重的西部地区，良好的基础设施条件有助于贫困人口的就业和增收，从而不仅能够间接提高西部地区的经济发展水平，同时也有助于该区域的社会稳定。另外，经济发展水平东高西低的区域不平衡格局在我国已经持续了若干年，随着科学发展、可持续发展等概念的提出，加快西部地区经济发展已经上升到国家战略的高度。基础设施是经济发展的基础和保障，加快基础设施建设是推动西部地区经济发展的前提条件和战略起点。但是，由于公共基础设施投入规模与城市经济发展水平之间存在显著的正相关关系，因此，对于城市公共基础设施投入规模的调整是一个长期的过程，要与城市经济社会发展相适应。

（2）加强小城镇基础设施建设。越是发达的城市社会经济活动强度越大，即使公共基础设施的供给已经达到了客观条件（土地、能源等）允许的上限，也无法完全满足频繁的社会经济活动的需求。公共基础设施的供给表现为一种相对不足，无法实现支持社会快速发展的目的。同时，城市化产生的巨大压力也已经远远超出了环境的承载能力，即使采取再多的补偿措施也不能使环境还原到初始的承载状态。鉴于此，功能疏导性的措施应该被用来改善大城市公共基础设施社会效益和环境效益低下的状况。即通过加大对城市周边小城镇基础设施建设的投入力度，使其分担城市的部分承载功能。与城市中心相比，小城镇虽然基础设施条件落后，但也因此拥有更高的边际收益。加大对小城镇公共基础设施的投入力度是公共基础设施投入政策调整的必然趋势，这一思想也恰好符合十八届三中全会提出的新型城镇化发展战略，并且，基础设施作为城镇发展的基础更应该被置于优先考虑的政策范畴。

（3）加大与城市居民生活密切相关的基础设施建设。一是加大乡镇、农村地区供水、排污等各类生活基础设施的投资，让当前及未来的基础设施建设更符合群众的真实需要，最大限度减少供需不匹配状况的发生。二是通过多种渠道推进城乡基础设施融资体制的多元化。对于经济发展水平低、融资能力差、市场化程度弱的城乡，可以增加相应的财政转移支付，促进当地生活基础设施建设。三是加强国际间合作、促进技术水平提高等方式加快发展同国外相比差距较大的生活基础设施类型，例如通信、供气等方面。另外，需要更加坚定的坚持"西部大开发"战略，从中西部同东部地区差距较大的生活基础设施类型入手，努力缩小东中西地域间的整体水平差异，为不同地区居民生活水平的提高奠定良好的基础。

8.3.3　提高城市公共基础设施环境效益的对策建议

目前，生态环境基础设施的运行是改善城市生态环境的最主要手段，充分发挥生态环境基础设施的效益，对于拓展城市生态容量和环境空间至关重要。提高城市公共基础设施的的环境效益可从以下几个方面着力：

（1）加大对生态环境类基础设施的投入力度。为实现城市公共基础设施综合效益协调发挥，与经济效益相比，社会效益和环境效益需要更大幅度的提高，尤其是环境效益。与其他城市公共基础设施相比，生态环境基础设施对于城市环境的优化和改善作用是直接和显著的。因此，加强城市生态环境类基础设施的建设，增加对城市环境的直接干预，将有助于提高城市公共基础设施的环境效益。目前我国城市生态环境基础设施主要包括污水处理设施、生活垃圾处理设施和城市园林绿化基础设施。污水处理设施和生活垃圾处理设施技术水平较低，无法实现对污水和生活垃圾的分类处理和有效循环利用，对于这两类基础设施，需要加大科技投入，进行改造升级。而对于城市园林绿化设施的建设则应该借鉴国际上比较成熟的"绿色基础设施规划理念"，实现基础设施与经济、社会、环境的协调规划与发展。

（2）实现大型生态环境类基础设施的区际共建共享。公共基础设施的规划和建设基本是以城市为单位，各城市公共基础设施自成系统，为城市发展提供便利条件。区域经济是我国经济发展的最具活力的因子，珠三角、长三角、环渤海等区域更是我国经济发展的引擎。研究表明，当城市间采取合作的公共基础设施发展策略时将有助于整体效益水平的提高。因此，对于经济关联密切的城市群，采取联合性城市公共基础设施发展战略有助于区域整体公共基础设施效益的提高。特别是对于大型环境保护类基础设施，采取统一规划、合理布局、分工建设的区域协同发展措施，能够在一定程度上节约建设及管理运营成本，提高产出效益。

在具体的实施过程中，一要注重顶层设计，即从区域协同发展的总体出发，科学规划公共基础设施在各城市间的布局；二是要遵循相机抉择的原则，公共基础设施的区域协同发展战略并非将所有城市公共基础设施都推倒重建以适应区域整体规划，而是针对不同情况采取不同措施。

（3）加强对生态环境类基础设施的维护和管理。生态基础设施是城市所依赖的自然系统，是城市及其居民能持续地获得自然服务的基础。这些生态服务包括提供新鲜空气、食物、体育、休闲娱乐、安全庇护以及审美和教育等等。生态基础设施建设的一个核心理念是通过维护整体自然系统的结构和功能的完整和健康，使城市获得良好的、全面的生态服务。它不仅包括习惯的城市绿地系统的概念，而且更广泛地包含一切能提供上述自然服务的城市绿地系统、林业及农业系统、自然保护地系统和与之相交融的文化遗产及生态游憩系统。

生态环境类基础设施建设要避免为解决单一问题而进行大量工程措施（如为防洪排污而固化河道的工程措施、绿化美化而换土改造盐碱地的措施等），而是通过保护和完善自然生态系统，让自然做功，充分利用当地湿地资源、乡土植被，建立一个具有综合功能的生态基础设施，系统地、集约化地解决多方面的生态与环境问题，全面提高生态系统之于城市的自然服务功能，可以大大节约城市建设投入。

（4）加强城市生态环境管理体制建设。一是加强环境管理的法规建设，重点关注资源的使用立法、环境污染企业的责任立法、垃圾分类处理立法等，将城市环境涉及的水资源、空气质量、物种保护、垃圾分类处理、汽车尾气等内容都纳入其中，变事后治理为预防优先。二是健全环境管理的考核评价机制，对具有污染性的企业进行考核评价，制定最高排污量、污水废弃环保处理量等指标，提高企业的环保责任和增强环保意识。最大限度减少负外部性，促进生态环保类基础设施发挥正的外部性。三是增强外部监督，拓宽公众参与环境管理的途径。强化政府环境管理部门的信息公开，让公众及时了解和熟悉环境管理的各项政策信息；将听证会、信访、座谈会等形式制度化，形成固有的机制，定期召开，了解民情民意，加强外部监督。

8.3.4　提高城市公共基础设施综合效益的对策建议

城市公共基础设施所提供的总效用最终体现为其综合效益的发挥，因此，不仅要着力提高城市公共基础设施经济效益、社会效益和环境效益，还要促使三大效益协调发挥，共同提升城市公共基础设施的综合效益。具体应做到以下几点：

（1）对基础设施结构进行标杆管理。标杆管理的实质是寻找同类决策单元中的最佳范例，以此为基准通过比较、判断、分析，从而找到自我改进的途径和方法。对于公共基础设施效益较差的城市而言，以效益表现较好的城市为标杆，比较各自在城市公共基础设施投入方面存在的差异，并分析产生差异的可能原因，将有助于这些城市建立公共基础设施投入数量和结构的调整目标，从而实现对城市公共基础设施效益的改善。考虑到我国城市间发展不平衡，各城市在公共基础设施投入规模上存在较大差异，选择与自身投入规模相适应且效益状况较好的城市为标杆，对于效益状况较差城市的公共基础设施社会效益改进行动具有更加现实的指导意义。

但是，从城市可持续发展的角度来看，由于我国城市公共基础设施效益状况整体并不乐观，以相对高效的城市为标杆采取公共基础设施效益的改善措施在短期内是可行且有效的。但从长期考量，国内标杆城市的效益状况并不是城市公共基础设施发展的最终目标。以国际典型可持续发展城市为标杆，对城市公共基础设施投入规模和结构以及城市公共基础设施发展模式进行深层次调整，将有助于从根本上改善我国城市公共基础设施效益状况，实现城市的可持续发展。

（2）改善城市公共基础设施的运作模式。随着我国经济社会的快速发展和大规模城市化的强烈需求，城市公共基础设施建设步伐加快，投资需求旺盛。但是，政府的财政投入有限，无法满足基础设施建设的全部需求。为了加快基础设施建设，相关领域的投融资体制改革不断展开。BOT、BT、TOT、PPP 等多种投融资体制广泛应用于基础设施建设领域，但当基础设施投入使用后，以回收投入资金为目标的运营管理活动弱化了基础设施的公共收益目标，从而影响了公共基础设施公共效益的发挥。因此，对城市公共基础设施运作模式进行优化，强化其公益性是提高其运营效益的关键。

（3）统筹城市经济、社会、生态环境与基础设施的发展。城市公共基础设施效益的发挥是一个系统运行过程，不仅取决于城市公共基础设施部门自身的投入产出效率，与城市公共基础设施内部各系统间的协同运作、城市公共基础设施系统与社会经济系统之间的供求状态等都有密切关系。因此，统筹城市经济、社会、生态环境与基础设施的发展，能够促进城市公共基础设施经济效益、社会效益和环境效益的统一，各子系统间的相互作用机制及其对整个系统效益的发挥能够使得各种效益相互影响、相互作用，共同提升城市公共基础设施的综合效益。

8.4　本章小结

城市公共基础设施系统是一个复杂社会系统，其效益的发挥是一个系统运行过程，不仅取决于城市公共基础设施部门自身的投入产出效率，与城市公共基础设施内部各系统间的协同运作、城市公共基础设施系统与社会经济系统之间的供求状态等都有密切关系。本书仅从投入产出的角度出发，明确了城市公共基础设施效益的内涵、特征及其产生、作用和调节机制，并运用一定的技术方法进行了实证检验。

可以说，只是从其中一个层面考察了城市公共基础设施效益的发挥，尽管与以往的研究相比，在研究角度、方法以及研究的系统性等方面有了一定的改进，但仍然只考察了城市公共基础设施效益的部分特征，同时受到指标、数据等可得性的影响，分析结果也存在一定的局限性。在未来的研究中，希望能够从更加系统的研究视角出发，对城市公共基础设施系统内部各子系统间的相互作用机制及其对整个系统效益发挥的影响进行考察，结合系统协同学原理及其他的研究理论和方法，对城市公共基础社会效益的发挥进行更深层次的探究。具体力争在以下方面有所突破：

（1）城市公共基础设施经济效益、社会效益和环境效益的协同发挥机制。城市公共基础设施效益是经济效益、社会效益和环境效益的统一，各种效益相互影响、相互作用，共同构成了城市公共基础设施的综合效益。明确三大效益协调作用的原理和传导机制，能够为城市公共基础设施效益的提升提供更具有操作性的依据，因而还需要进一步的理论分析和实证检验。

（2）经济效益、社会效益和环境效益贡献度的确定。经济效益、社会效益和环境效益在城市公共基础设施系统整体效益发挥中的作用是不同的，明确各自的贡献程度，能够为公共决策提供有力的理论依据和科学的调控工具，从而使公共决策更加准确有效，提高了公共管理效率的同时也提高了城市公共基础设施的效益水平。

（3）评价指标体系的完善。对于城市公共基础设施宏观效益的考察不同于对其部门微观效益的考察，所涉及的指标一方面受统计制度的限制无法直接获得，另一方面，由于作用机制的复杂性，在宏观经济指标中有效分离出城市公共基础设施的贡献比例也存在困难。从而导致了对城市公共基础设施经济效益、社会效益和环境效益的描述是不精确的，弱化了研究结果对于实践的指导作用。解决的方法是通过调查研究，对特定目标区域的相关指标进行长期系统的监测，结合技术方法，使基础设施经济效益、社会效益、环境效益相关描述指标尽可能的精确。

（4）评价方法的改进。城市公共基础设施效益三维度评价的目的是提高城市公共基础设施三大效益水平，并促进其协调发挥，最终提高城市公共基础设施整体效益水平。本书运用模型实现了对城市公共基础设施三大效益的评价，但对于三大效益协调发挥的考察和研究尚处于探索阶段，所选用的方法不能完全反映三大效益的协同作用原理。在未来的研究中，可考虑引入控制论中的协同控制原理、方法和模型进行进一步的深入分析，为城市公共基础设施三大效益的协调发挥提供主动控制工具。同时，本书对于城市的考察并没有有效区分城市在资源禀赋、发展模式、发展水平、发展阶段等方面的差异，在以后的研究中，希望通过对方法的拓展来实现对城市的分类考察。

参考文献

[1] P.N.Rosenstein-Rodan.Problems of Industrialisation of Eastern and South-Eastern Europe [J]. The Economic Journal,1943,53（210-211）:202-211.

[2] D.A. Aschauer. Is Publicex Pendiutre Productive[J] . Journal of Monetary Economics, 1989, 23（2）:117-200.

[3] D. Sylvie. Infrastructure Development and Economic Growth: An Explanation for Regional Disparities in China[J] Journal of Comparative Economics, 2001,（29）:95-117.

[4] J. W. Fedderke, P. Perkins, J. M. Luiz. Infrastructural Investment in Long-run Economic Growth: South Africa 1875-2001[J] . World Development, 2006, 34（6）: 1037-1059.

[5] H-L. Alfonso. Infrastructure Investment and Spanish Economic Growth, 1850-1935[J] . Explorations in Economic History, 2007, 44（7）:452-468.

[6] L-H. Rolle, L. Wavermanm. Telecommunication Infrastructure and Economic Development: A Simultaneous Approach[J] . American Economic Review, 1996, 91（4）:909-923.

[7] M. I. Nadiri, B. Nandi. Benefits of Communications Infrastructure Capital In U.S. Economy[J] . Economics of Innovation and New Technology, 2001, 10（2）:89-107.

[8] J. G. Fenrald. Roads to Prosperity? Assessing the Link Between Public Capital and Productivity[J] . The American Economic Review, 1997, 89:619-638.

[9] D-F. Roberto, S. Georgin. Road Infrastructure Spillovers on the Manufacturing Sector in Mexico[J] .Research in Transportation Economics, 2014, 46（C）:17-29.

[10] A. Condeco-Melhorado, T. Tillema, T. D. Jong，R. Koopal. Distributive Effects of New Gighway Infrastructure in the Netherlands: the Role of Network Effects and Spatial Spillovers[J] . Journal of Transport Geography, 2014, 34（219）:96-105.

[11] 施国庆，董铭 . 投资项目社会评价研究 [J] . 河海大学学报（哲学社会科学版），2003，5（2）: 49-53.

[12] S. Fan, L. Zhang, X. B. Zhang. Growth, Inequality, and Poverty in Rural China: The Role of

Public Investments[R] . Rearch Report 125, International Food Policy Research Institute, Washington D. C, 2002.

[13] E. K. Kwon. Infrastructure, Growth, and Poverty Reduction in Indonesia: A Cross–sectional Analysis[R] . Asian Development Bank, Manila, 2000.

[14] X. Zhu, J. V. Ommeren, P. Rietveld. Indirect Benefits of Infrastructure Improvement in the Case of An Imperfect Labor Market[J] . Transportation Research, 2009, 43（1）:57–72.

[15] R. Elissa. Water Infrastructure and Community Building: The Case of Marvin Gaye Park[J] .Journal of Urban Design, 2015, 20（2）:193–211.

[16] M.A.A. Knudsen, J. Rich. Expost socio–economic assessment of the Oresund Bridge[J] .Transport Policy, 2013, 27（5）:53–65.

[17] B. Hof, A. Heyma, T. V. D. Hoorn.Comparing the Performance of Models for Wider Economic Benefits of Transport Infrastructure: Results of a Dutch Case Study[J] Transportation, 2012, 39（6）:1241–1258.

[18] S. K. Singh, A. M. Aenab. Environmental Assessment of Infrastructure Projects of Water Sector in Baghdad, Iraq[J] . Journal of Environmental Protection, 2012, 3（1）: 1–10.

[19] O–S. Jordi, G. Xavier, R. Joan. Environmental Impacts of the Infrastructure for District Heating in Urban Neighbourhoods[J] .Energy Policy, 2009, 37（11）: 4711–4719.

[20] N. B. Chang, C. Qi, Y. J. Yang. Optimal Expansion of A Drinking Water Infrastructure System with Respect to Carbon Footprint, Cost–Effectiveness and Water demand[J] . Journal of Environmental Management, 2012, 110（18）: 194‒206.

[21] J. B. Sperling, A. Ramaswami. Exploring Health Outcomes as A Motivator for Low–carbon City Development: Implications for Infrastructure Interventions in Asian Cities[J] . Habitat International, 2013, 37（1）:113‒123.

[22] S. Varela C. Urban Biological Corridors and Their Socio–environmental Implications. A Plan to Establish A Green Infrastructure in Northwest Philadelphia, PA[D] .State University of New York College of Environmental Science and Forestry, New York, 2008.

[23] M. M. M. A. Elgendy. Condition Assessment and Data Integration for GIS–based Storm Water Drainage Infrastructure Management Systems[D] .The University of Texas,Texas, 2008.

[24] C. Cesar, S. Luis. The Effects of Infrastructure Development on Growth And Income Distribution[R] . World Bank Policy Research Working Paper 3400, Washington D. C, 2004.

[25] K. Nagesh, Infrastructure Availability, Foreign Direct Investment Inflows and Their Export–orientation: A Cross–Country Exploration[M]. Research and Information System of Developing

Countries, New Delhi, 2001.

[26] 踪家峰，李静．中国的基础设施发展与经济增长的实证分析 [J]．统计研究，2006，（7）：18–21.

[27] 彭清辉，曾令华．基础设施投资对中国经济增长贡献的实证研究：1953～2007[J]．系统工程，2009，27（11）：120–122.

[28] 刘生龙，胡鞍钢．交通基础设施与经济增长：中国区域差距的视角 [J]．中国工业经济，2010，（4）：14–23.

[29] 陈亮，李杰伟，徐长生．信息基础设施与经济增长——基于中国审计数据分析 [J]．管理科学，2011，24（1）：98–107.

[30] 谢逢杰．城市轨道交通项目经济效益评价方法初探 [J]．工业技术经济，2004，（3）：77–79.

[31] 李志，李宗平．成都地铁一期工程社会经济效益分析 [J]．铁道运输与经济，2006，（5）：7–9.

[32] 张迎军．关于机场社会经济效益评价的探讨 [J]．中国民用航空，2006，（8）：59–60

[33] 平野卫，伊东诚．京沪高速铁路建设项目经济效益的研究 [J]．中国铁路，2001，（1）：34–36.

[34] 冯思静，马云东．我国城市生活垃圾分类收集的经济效益分析与评价 [J]．露天采矿技术，2006，（1）：43–45.

[35] 胡天军，卫振林．高速公路社会经济效益后评估的系统动力学模型 [J]．数量经济技术经济研究，2000，（4）：58–60.

[36] 丁以中．交通运输业的社会经济效益研究 [J]．上海海运学院学报，2000，（3）：1–7.

[37] 张兴平，陶树人．城市基础设施项目社会评价研究 [J]．城市规划，2000，（9）：59–64

[38] 陆菊春，韩国文，郑君君．城市基础设施项目社会评价指标体系的构建 [J]．科技进步与对策，2002，（2）：103–104.

[39] 牛志平，朱媾．城市轨道交通项目可持续性评价 [J]．清华大学学报（自然科学版），2007，（470）：319–322.

[40] 洪家宜，李怒云．天保工程对集体林区的社会影响评价 [J]．植物生态学报，2002，26（1）：l15–123.

[41] 高颖，李善同．基于 CGE 模型对中国基础设施建设的减贫效应分析 [J]．数量济技术经济研究，2006，（6）：14–24.

[42] 鞠晴江，庞敏．道路基础设施影响区域增长与减贫的实证研究 [J]．经济体制改革，2006，（4）：145–147.

[43] P. Jiwattanakulpaisarn, R. B. Noland, D. J. Graham, J. W. Polak. Highway Infrastructure Investment and County Employment Growth: A Dynamic Panel Regression Analysis [J] . Journal of Regional Science, 2009, 49（2）:263–286.

[44] 郑振雄. 公路基础设施的就业效应实证分析：基于省际动态面板模型 [J] . 人口与经济, 2011, 185（2）:28–32.

[45] 陈国阶. 三峡工程对生态与环境影响综合评价体系 [J] . 云南地理环境研究, 1991,（1）:46–51.

[46] 袁运祥. 三峡工程对环境与生态影响的综合评价方 [J] . 四川环境, 1998,7（2）: 74–86.

[47] 郭宗楼, 刘肇. 水利水电工程环境影响综合评价的人工神经网络专家系统 [J] . 环境科学研究, 1998,（5）:29–33.

[48] 吴小萍, 陈秀方. 可持续发展战略指导下的轨道交通规划与评价 [J] . 中国工程科学, 2003, 5（10）:88–94.

[49] 彭军龙. 基于可拓学的生态影响评价方法在铁路选线中的应用 [J] . 中国铁道科学, 2007, 28（3）:1–5.

[50] 徐文学. 城市轻轨运输项目的前期研究与决策 [J] . 中国工程咨询, 2003,（2）: 27–29

[51] 邱妮娜, 李群. 试论大型人类工程与可持续发展 [J] . 科教文汇, 2006, 5（下）: 192–193

[52] 陈泽昊, 周铁军, 刘建明. 京九铁路生态环境效益研究 [J] . 铁道运输与经济, 2010, 3（5）:12–15.

[53] 张艳军, 赵纯勇, 郭跃. 水土保持的生态效益价值分析 [J] . 沈阳师范大学学报（自然科学版）, 2005, 23（2）: 216–219.

[54] 赵小杰, 郑华, 赵同谦, 王红梅. 雅砻江下游梯级水电开发生态环境影响的经济损益平价 [J] . 自然资源学报, 2009, 24（10）:1729–1739.

[55] 袁惊柱. 中国农村基础设施建设的生态保护下应分析 [J] . 湖北农业科学, 2012, 52（24）:6205–6207；6221.

[56] 王华, 苏春海. 市政建设项目的社会效益和环境效益经济评价的实例研究 [J] . 南京航空航天大学学报, 2001, 3（3）:28–32.

[57] 韩传峰, 陈建业. 大型基础设施项目群组决策的模糊评价 [J] . 同济大学学报（自然科学版）, 2007, 35（1）:133–137.

[58] 邓志国, 綦振平. 重大建设项目可持续性评价研究 [J] . 山东工商学院学报, 2004, 18

（5）:78-82.

[59] 唐剑锋．公路环境景观模糊综合评价方法 [J]．公路与汽运，2007,（4）:135-137.

[60] 肖宜，邵东国，邓锐，等．水利工程项目效益综合评价支持系统研究 [J]．武汉大学学报（工学版），2007, 40（4）:49-54.

[61] 张新波，马涛．小水电工程项目的灰色综合评价 [J]．水力发电学报，2004, 23（3）:39-43.

[62] 韩传峰，曲丹．城市公共服务设施的一类价值评估计算模型 [J]．同济大学学报（自然科学版），2004, 32（9）:1239-1251.

[63] 金建清，范克危．城市基础设施评价的一种方法 [J]．郑州大学学报（自然科学版），2000, 32（1）:34-37.

[64] 刘万明，开发型交通建设项目的经济评价方法探讨 [J]．学术动态（成都），2001,（2）:18-21.

[65] 李红镝，邹筑煌，吴志强．针对西部地区交通建设项目国民经济评价方法 [J]，经济师，2004,（4）:9-10.

[66] C.F. Han，J.Y. Chen． Comprehensive Evaluation of Large Infrastructure Project Plan with ANP[J]． Journal of China University of Mining & Technology，2005，15（4）:384-388.

[67] 李忠富．基于 DEA 方法的我国基础设施投资绩效评价：2003～2007 年实证分析 [J]．系统管理学报，2009, 18（3）:309-315.

[68] 崔治文，周世香，章成帅．基于 DEA 方法的山西省基础设施投资绩效评价 [J]．管理之友，2012, 3（上）:35-37.

[69] 乌兰，伊茹，马占新．基于 DEA 方法的内蒙古城市基础设施投资效率评价 [J]．内蒙古大学学报（哲学社会科学版），2012, 44（2）:5-9.

[70] 骆永民．城乡基础设施均等化供给研究 [M]．北京：经济科学出版社，2009.

[71] 刘生龙．基础设施与经济发展 [M]．北京：清华大学出版社，2011.

[72] 陈共．财政学 [M]．7 版．北京：中国人民大学出版社，2012.

[73] 蒋时节．基础设施投资与城市化进程 [M]．北京：中国建筑工业出版社，2010

[74] 李强．基础设施投资与经济增长的关系研究 [J]．改革与战略，2010, 26（9）:47-49.

[75] 金凤君．基础设施与经济社会空间组织 [M]．北京：科学出版社，2012.

[76] 陈仲常，姜建慧，龚锐．城市基础设施现代化评价模型研究 [J]．经济与管理研究，2010,（6）:70-76.

[77] 张舰．我国特大城市基础设施发展水平及分布特征 [J]．城市问题，2012,（6）:36-40.

[78] 潘胜强，马超群．城市基础设施发展水平评价指标体系 [J]．系统工程，2007, 25

（7）:88–91.

[79] 高洪深 . 经济系统分析导论 [M] . 北京 : 中国审计出版社 , 1998.

[80] 中国社会科学院语言研究所词典编辑室 . 现代汉语词典 [Z] . 5 版 . 北京 : 商务印书馆 , 2009.

[81] 王时杰 . 经济效益学 [M] . 大连 : 大连海运学院出版社 , 1990.

[82] R. D. Banker, A. Maindiratta. Piecewise Loglinear Estimation of Efficient Production Surfaces[J] . Management Science, 1986, 32（1）:126–135.

[83] R. D. Banker, A. Charnes, W. W. Cooper. Some Models for EstimatingTechnical and Scale Inefficiencies in Data Envelopment Analysis[J] . Management Science, 1984, 30（9）: 1078–1092.

[84] D. Deprins, L. Simar, H. Tulkens. Measuring Labor Efficiency in Post Offices[C] // M. Marchand, P. Pestieau, H. Tulkens. The Performance of Public Enterprises: Concepts and Measurement Amsterdam: North Holland. 1984: 243–267.

[85] T. H. Yilkens. On FDH Efficiency Analysis: Some Methodological Issues and Applications to Retail Banking, Courts and Urban Transit[J] . Journal of Productivity Analysis, 1993, 4（1）:183–210.

[86] L. M. Seiford, J. Zhu. Profitability and Marketability of the Top 55U.S. Commercial Banks[J] . Management Science, 1999，45（9）:1270–1288.

[87] Y. Chen, L. Liang, J. Zhu. Equivalence in Two–stage DEA Approaches[J] . European Journal of Operational Research, 2009, 193（2）:600–604.

[88] Y. M. Wang, K. S. Chin. Some Alternative DEA Models for Two–stage Process[J] . Expert Systems with Applications, 2010, 37（12）:8799–8808.

[89] C. Kao, S. N. Huang. Efficiency Decomposition in Two–stage Data Envelopment Analysis: An Application to Non–life Insurance Companies in Taiwan [J] . European Journal of Operational Research, 2008, 185（1）: 418–429.

[90] W. D. Cook, M. Kress, L. M.Seiford. On the Use of Ordinal Data in Data Envelopment Analysis[J] . Journal of the Operational Research Society, 1993, 44（2）:133–140.

[91] J. Ruggiero. Non–discretionary inputs in data envelopment analysis[J] . European Journal of Operational Research, 1998, 111（3）:461–469.

[92] S. H. Kim, C. K. Park, K. S. Park. An Application of Data Envelopment Analysis in Telephone Offices Evaluation with Partial Data[J] . Computers and Operations Research, 1999, 26（1）:59–72.

[93] L. Seiford, J. Zhu. Modeling Undesirable Factors in Efficiency Evaluation[J] . European Journal of Operational Research, 2002, 142（1）:16–20.

[94] M. J. Syijanen. Non–discretionary and Discretionary Factors and Scale in Data Envelopment Analysis[J] . European Journal of Operational Research, 2004, 158（1）:20–33.

[95] D. K. Despotis. Measuring Human Development via Data Envelopment Analysis: The Case of Asia and the Pacific[J] . Omega: The International Journal of Management Science, 2005, 33（5）:385–390.

[96] M. Muniz, J. Paradi, J. Ruggiero, et al. Evaluating alternative DEA models used to control for non–discretionary inputs[J] . Computers and Operations Research, 2006, 33（5）:1173–1183.

[97] G. Lober, M. Staat. Integrating Categorical Variables in Data Envelopment Analysis Models: A Simple Solution Technique[J] . European Journal of Operational Research, 2010, 202（3）:810–818.

[98] W. B. Liu, D. Q. Zhang, W. Meng, et al. A Study of DEA Models Without Explicit Inputs[J] . Omega: The International Journal of Management Science, 2011, 39（5）:472–480.

[99] A. Chames, W. W. Cooper, Q. L. Wei, et al. Fundamental Theorems of Non–dominated Solutions Associated with Cones in Normed Linear Spaces[J] , Journal of Mathematical Analysis and Applications, 1990, 150（1）:54–78.

[100] Y. Roll, W. D. Cook, B. Golany. Controlling Factor Weights in Data Envelopment Analysis[J] . HE Transactions, 1991, 23（1）:2–9.

[101] R. Allen, A. Athanassopoulos, R. G. Dyson, et al. Weights Restrictions and Value Judgements in Data Envelopment Analysis: Evolution, Development and Future Directions[J] . Annals of Operations Research, 1997, 73（1）:13–34.

[102] W. W. Cooper, L. M. Seiford, K. Tone. Introduction to Data Envelopment Analysis and Its Uses[M] . New York: Springer Science and Business Media, 2006.

[103] W. D. Cook, J. Zhu. Classifying Inputs and Outputs in Data Envelopment Analysis[J] . European Journal of Operational Research, 2007, 180（2）: 692–699.

[104] D. Q. Zhang, X. X. Li, W. Meng, et al. Measure the Performance of Nations at Olympic Games Using DEA Models with Different Preferences[J] , Journal of the Operational Research Society, 2008, 60（7）:983–990.

[105] A. Hatami–Marbini, A. Emrouznejad, M. Tavana. A Taxonomy and Review of the Fuzzy Data Envelopment Analysis Literature: Two Decades in the Making [J] . European Journal of Operational Research, 2001, 214（3）:457–472.

[106] D. K. Despotis, Y. G. Srairlis. Data Envelopment Analysis with Imprecise Data[J] . European Journal of Operational Research, 2002, 140（1）:24–36.

[107] G. R. Jahanshahloo, L. F. Hosseinzadeh, M. M. Rostamy, et al. A Generalized Model for Data Envelopment Analysis with Interval Data[J] . Applied Mathematical Modelling, 2009, 33（7）:3237–3244.

[108] J. K. Sengupta. A Fuzzy Systems Approach in Data Envelopment Analysis[J] . Computers and Mathematics with Applications, 1992, 24（8/9）:259–266.

[109] H. K. Chiou, G. H. Tzeng, D. C. Cheng. Evaluating Sustainable Fishing Development Strategies Using Fuzzy MCDM Approach [J] . Omega: The International Journal of Management Science, 2005, 33（3）:223–234.

[110] W. Ho, X. Xu, P. K. Dey. Multi–criteria Decision Making Approaches for Supplier Evaluation and Selection: A Literature Review[J] .European Journal of Operational Research, 2010, 202（1）:16–24.

[111] L. Liang, J. Wu. The DEA Game Cross–Efficiency Model and Its Nash Equilibrium[J] . Operations Research, 2008, 56（5）:1278–1288.

[112] T. R. Sexton, R. H. Silkman, A. J. Hogan. Data Envelopment Analysis: Critique and Extensions. // Silkman R H（Ed.）. Measuring Efficiency: An Assessment of Data Envelopment Analysis. San Francisco, 1986: 73–105

[113] J. Doyle, R. Green. Efficiency and Cross Efficiency in DEA Derivations Meanings and the Uses[J] . European Journal of Operational Research Society, 1994, 45（1）:567–578.

[114] 袁剑波，吴立辉，魏思 . 中立性 DEA 交叉效率评价方法 [J] . 长沙理工大学学报（自然科学版），2011, 8（4）:24–28.

[115] 程琮，刘一志，王如德 . Kendall 协调系数 W 检验及其 SPSS 实现 [J] . 泰山医学院学报 , 2010,（7）:487–490.

[116] 孙振球 . 医学统计学 [M] . 北京 : 人民卫生出版社，2005.

[117] 中国社会科学院经济研究所 . 现代经济词典 [Z] . 南京 : 江苏人民出版社，2005.

[118] 桑瑜 . 成都地铁的社会效益分析与评价 [J] . 经济管理者，2009,（8）:143.

[119] 李平，王春晖，于国才 . 基础设施与经济发展的文献综述 [J] . 世界经济，2011,（5）:93–116.

[120] 郭磊，刘志迎，周志翔 . 基于 DEA 交叉效率模型的区域技术创新效率评价研究 [J] . 科学学与科学技术管理，2011, 32（11）:138–143.

[121] 胡倞，邓楚雄，范双云，等 . 基于 DEA 交叉效率模型的湖南省耕地利用动态评价 [J] . 安徽农业科学，2013, 41（23）: 9783–9785.

[122] 水利科技名词审定委员会 . 水利科技名词 [Z] . 北京 : 科学出版社，1997.

[123] 郝志平. 高速公路社会效益评价指标体系分析研究 [J]. 辽宁交通科技，2004，（7）:90-91;94.

[124] 程敏，陈辉. 城市基础设施可持续发展水平的组合评价 [J]. 城市问题，2012，（2）:15-21.

[125] 杨二杰. 城市地铁社会效益分析 [J]. 知识经济，2010,（1）:73-74.

[126] 孙康，蒋根谋. 模糊综合评价法在昌九高铁项目社会效益评价中的应用 [J]. 工程管理学报，2012, 26（1）:49-52.

[127] 李庆瑞. 基于多层模糊分析模型的高速公路社会效益评价方法研究 [J]. 中外公路，2005, 23（3）:113-116.

[128] 骆有隆，唐元义，李振伟，等. 高速公路社会效益评价的神经网络方法 [J]. 武汉理工大学学报（信息与管理工程版），2004. 26（6）:241-244.

[129] 谢吉锋，陈建中，李振强. 城镇基础设施与环境的关系 [J]. 工业安全与环保，2005, 31（11）:49-50.

[130] 陈泽昊，周铁军，刘建明. 京九铁路生态环境效益研究 [J]. 铁道运输与经济，2010, 32（5）:12-15.

[131] 曲如晓. 环境外部性与国际贸易福利效应 [J]. 国际经贸探索，2002,（1）:10-14.

[132] 潘胜强. 城市基础设施建设投融资管理及其绩效评价 [D]. 湖南大学，2007.

[133] 童渊，程丽敏，吴浪. 城市群区域公共基础设施网络的协调模式浅析 [J]. 科技广场,2012（4）:142-144.

[134] 丁兆君. 地方政府公共基础设施投融资管理体制研究 [J]. 财经问题研究,2014（12）:79-83.

[135] 门珺. 泛珠区域基础设施协调发展研究 [D]. 广东外语外贸大学,2009.

[136] 辛志伟，付军. 改革生态环境保护管理体制加快推进环境管理战略转型 [J]. 环境保护,2015,43（13）:12-14.

[137] 纪玉哲. 公共基础设施投融资改革研究 [D]. 东北财经大学,2013.

[138] 杨长利. 公共基础设施支出绩效评价研究 [D]. 东北财经大学,2012.

[139] 周亚雄. 基础设施、区域经济增长和区域差距的关系研究：基于新经济地理学的视角 [D]. 南开大学,2013.

[140] 黄训江，侯光明. 基于 CAIV 的公共基础设施投资管理理论研究 [J]. 商业研究,2006（2）:77-80.

[141] 刘国华. 基于区域协调发展大型基础设施项目建设伺服机制 [D]. 同济大学,2007

[142] 陶志梅，孙钰，李新刚. 基于系统控制论的公共基础设施管理体系构建探究 [J]. 城市

发展研究 ,2016,23（5）:1–5.

[143] 俞孔坚 , 韩西丽 , 朱强 . 解决城市生态环境问题的生态基础设施途径 [J]. 自然资源学报 ,2007,22（5）:808–816.

[144] 孙钰 , 黄慧霞 , 姚鹏 . 模糊环境下的城市公共基础设施投资评价研究 [J]. 中国人口资源与环境 ,2016,26（8）:142–147.

[145] 李姿儒 . 浅谈我国城市环境管理体制存在的问题及其对策 [J]. 经营管理者 ,2016（12）:84.

[146] 史先荣 , 武业胜 . 浅议城市基础设施建设原则 [J]. 南京社会科学 ,1995（1）:70–72.

[147] 马星 . 生活基础设施、互补效应与居民消费 [D]. 山东大学 ,2014.

[148] 李惠先 . 我国城市基础设施民营化管理体系的研究 [D]. 吉林大学 ,2011.

[149] 李婵娟 . 我国公共基础设施投资效应研究：基于区域差异的视角 [D]. 山东大学 ,2013.

[150] 贾铠针 . 新型城镇化下绿色基础设施规划研究 [D]. 天津大学 ,2013.

[151] 娄洪 . 长期经济增长中的公共投资政策：包含一般拥挤性公共基础设施资本存量的动态经济增长模型 [J]. 经济研究 ,2004（3）:10–19.

[152] 孟明慧 . 政府公共基础设施投资决策与合同承包风险分析 [J]. 中国行政管理 ,2009（5）:53–56.

[153] 侯曾博 . 政府性基础设施项目投资管理研究 [D]. 东北财经大学 ,2013.

[154] 胡玉衡 . 系统论信息论控制论原理及其应用 [M]. 郑州：河南人民出版社，1989.

后 记

书稿付梓之际，谨在此感谢所有帮助过我的老师、朋友和家人！

首先要感谢我的博士导师孙钰教授在书稿的写作过程中给予我的指导，及在书稿出版过程中给予我的支持。本书的选题来自导师孙钰教授所主持的国家自然科学基金项目"城市公共基础设施利用效益研究"（项目编号 71273186），也是笔者的博士论文。此书最终能够出版，得益于孙钰教授孜孜不倦的指导和无微不至的关怀。

还要感谢我的硕士生导师贾保文教授。由于硕士研究生毕业后本人即走上工作岗位，离开了我始终热爱的校园，远离了我从小追逐的博士梦。是贾保文教授始终鼓励我不放弃自己的追求，并在求学之路上给我提供了诸多珍贵的意见和建议，使我最终能够顺利进入天津大学攻读博士学位。同时，还要感谢贾保文教授在书稿出版过程中给予的各方面的指导和帮助。

感谢第二作者杜凤霞老师。她对待工作一丝不苟、对待学问精益求精的精神给我上了生动的一课。同时，杜凤霞老师对于本书研究主题的独到见解和高效率的写作风格也是值得我学习的。

感谢天津大学管理与经济学部的所有老师，感谢他们对我的严格要求，感谢他们对我的悉心指导、感谢他们对我的热心帮助。是这个拥有百年历史的优秀学府以及这些优秀的老师，让我明白了学习的真正意义，使我将天津大学百年精神内化为自己人格的一部分，这是我终生受用的宝贵财富。

感谢我的博士生同学们，是你们对梦想的追求一直感染着我，是你们勤奋刻苦的身影一直鼓励着我，是你们成功的喜悦一直激励着我。四年的求学生涯，有各种坎坷与挫折，是我们执着的相互扶持终将我们这个有爱的集体镌刻在天津大学光辉的历史画卷当中，和你们在一起的每一个画面都是我美好的记忆。

感谢工作单位中共天津市委党校对我的培养，感谢校领导及各相关部门领导对我的支持。尤其要感谢分管校长董礼宏同志、图书馆前任馆长傅恩来同志和现任馆长谢冈同志，在我求学期间给予我的各种鼓励和帮助。另外，还要感谢我那些可爱可敬的同事们，是你们的无私与分担使我最终能够顺利完成学业。我要向所有支持、鼓励、帮助我的人说声，谢谢！

最后，感谢我的家人默默无闻的支持。一杯热茶、一句问候、一个拥抱，在我忙于学业而无暇顾及你们的时候，你们永远站在我的背后，用理解的微笑和质朴的双手托起我全部的信心与希望。感谢我的妈妈温桂芹女士，这本书是您三十多年含辛茹苦的一个小小见证！感谢我的丈夫于化龙先生，谢谢你能容忍一个女博士在你生命中一切的肆无忌惮！感谢我的宝贝女儿于钦尧小朋友，你天真的微笑始终是我坚毅前行的不竭动力！除了一句真诚的感谢，我还有一句发自肺腑的道歉：对不起！

王坤岩

2017 年 7 月 5 日